簡單豐盛美好

祖宜的中西家常菜

莊祖宜——著

——獻給我最寶貝的述海、述亞——

生活，從回歸廚房開始

自序 |

　　近十年前，我放棄博士學位轉而追求廚藝，本來一心一意想成為一名專業大廚，目標是將來開自己的餐廳，也為此做學徒奮鬥了一段時間。怎奈接下來幾年間我隨丈夫一次又一次跨國搬家，寶貝兒子一個接一個出生，我忙著呼哄餵奶和適應新環境都來不及，回餐廳鍛鍊打拚的願望只能暫時擱置。這期間我從未停止做菜，只不過服務對象從餐廳裡不認識的客人變成最親近的家人朋友。從麻州劍橋到香港、上海、華府，以至目前的雅加達，我日復一日上菜場，回家熬高湯，練刀工，割烹魚肉，哺餵三餐，一人包辦餐廳裡從大廚到洗碗工和服務生的所有工作。

　　這過程中，我對飲食的關注重點也有所改變。過去我追隨專業廚界的流行趨勢和尖端技藝，但慢慢的，那個酷炫陽剛的世界好像跟我的生活連接不上，取而代之的重心是最切身的食材品質與家人健康問題：哪裡買得到可信賴的有機蔬菜和沒有施打抗生素、荷爾蒙的雞？什麼種類的海魚比較沒有重金屬？什麼樣的淡水魚是低污染養殖？我發現身邊越來越多人開始關心飲食的出處，因為接二連三的黑心食品事件讓大家憤怒、焦慮又無助，生態破壞和全球暖化更已經嚴重到每一個人都必須正視，並為此改變飲食生活習慣的地步。

　　為了瞭解飲食之於自身和環境的關係，我讀了不少書，也發表一些文章談自己開始奉行的原則，比如支持有機農業、吃當季當地的食材、避免購買破壞性農漁業產品、減少鋪張浪費……等等迫切的議題。說了很多，效果似乎有限，因為大部分的人連在家做菜的能力和意願都沒有，更別談買什麼菜了！且看中文電視上的美食節目大多用來傳達餐飲情報，偶有現場做菜的節目都偏綜藝型態，是搞笑和聲光美女的秀場。只有在購物頻道或大白天冷清時段，才看得到那種穿圍裙或帶廚師帽的傳統烹飪教學，年輕人和上班族根本沒機會也沒興趣看。幾年前住在上海的時候，我開始環顧四周，發現五、六十歲以上的人不分男女，幾乎什麼廚房裡的基本活兒都會做，而三、四十歲以下的社會中堅和青年男女卻很少能分辨蔬菜的種類，更別說去骨刮鱗和掌握火候。這個斷層實在太大了，如果不及早彌補，我們哪裡有能力為自己的飲食把關，更憑什麼談消費倫理和永續發展？

　　我心想，烹飪為我個人帶來這麼大的快樂與成就感，嘉惠了我的家人朋友，又推動我自動自發的關心健康、環境，以及過去從來沒注意過的農漁業問題現狀，如果我能把這顆實用的種子分享給更多人有多好呢？「廚房裡的人類學家」系列視頻就是這樣誕生的。從 2011 年秋開播以來，我總共上傳了 68 則視頻短片，每則約 5

到 10 分鐘，從頭到尾示範一道菜。這些視頻沒有攝影棚也沒有腳本，完全在我自家有點擁擠凌亂的廚房裡錄製，偶爾還聽得見孩子在後面叫媽媽。我們菜做到哪兒就拍到哪兒，不夠鹹就加點鹽，不夠爛就再煮一下，東西散了破了，就看我現場怎麼補救。我希望呈現的不是遙不可及的美食秀，而是用最平實的場景傳達絕對可行的技術，致力讓大家看完了有信心自己做做看。

　　住在上海的那段日子裡，拍攝視頻成為我生活中最翹首殷盼的開心事。每週二上午十點，我的大學生義工團隊：小魚、希佳、邰涵、藏民幾個人輪流在繁忙的課業和社團活動間抽空前來掌鏡剪輯，唯一的酬勞就是拍完可以吃我做的菜。有時他們提早一天問我：「明天做什麼菜啊？」如果答案是牛排、燉肉、烤雞之類的大菜，第二天就會臨時出現一些「打醬油」的人馬，菜吃完了還會說：「祖宜，沒吃飽唉，再來點什麼吧！」我也因此被訓練得能屈能伸，隨時可以變花樣餵飽一群大男生。吃飽了，他們就在狼籍的杯盤間剪輯，從一開始沒經驗奮鬥到晚上九點，到後來默契無間，下午兩、三點就可以完成剪輯轉檔，現場上傳 YouTube 和優酷。從他們身上，我見證了中國新一代年輕人積極好學又充滿理想的正能量。連續跟我相處兩年，

（攝影：曹希佳）

他們也個個能洗手做羹湯，甚至抱嬰兒、哄小孩都有模有樣。

　　另外很幸運的是，視頻開播十幾集後，我得到供應江浙滬一帶生鮮食材的網路營運店「甫田網」贊助，得以無條件試用他們嚴格把關的安心食材。他們不要求我說什麼做什麼，也沒有金錢交易，只是很慷慨地送來一箱箱的蔬菜水果，雞鴨魚肉。當時我肚子裡正懷著老二述亞，本來就因為孕期保健而成為「甫田」的訂戶，這下子少了為拍片買菜的開銷，又因為肚子裡的寶寶讓我胃口大開，忽然一下創作力與精力旺盛，似乎有無窮盡的菜式想與大家分享。視頻裡眼看我肚子挺得一集比一集大，孩子生下來又繼續包在揹帶裡做菜拍片。樂此不疲的原因是：我幾乎每天都收到網友來自世界各地的問候鼓勵。很多人寄照片「交作業」，更有許多人告訴我，他們從完全不會做菜、跟著我的視頻練習，已經可以辦桌請客了！

　　離開上海後我在美國華府特區待了一年，又很幸運的認識了兩位可愛的留學生——愛綠和順清。她們自告奮勇前來幫忙，一樣不求任何報酬，為我在那個陽光燦爛的臨時廚房裡記錄了另一階段的視頻分享。

　　很多人問我每集視頻示範的菜色是怎麼決定的？老實說我沒有任何系統和計畫，純粹看自己當時想吃什麼，又恰好有什麼當季食材，因此最後呈現的菜色很隨意多元。有以前在廚藝學校和餐廳裡練就的法國與義大利菜，有從阿姨保姆那裡學來的上海菜，有我老公愛吃的美國南方菜，也有自己研究摸索出來的川菜、台菜、印度菜、墨西哥菜、創意混合菜……菜色選擇上我唯一的取決標準是做法不能太複雜，而且最好有一個明確的核心技巧。比方做糖醋小排，我介紹糖分對肉汁色澤與濃稠度的影響；拌生菜沙拉，我分析油醋醬汁的標準比例與延伸變化；煎烤牛排，我解釋如何判斷熟度；做川味口水雞，我示範如何輕易的為雞腿去骨……這些菜色是傳達技巧的範例與管道，我的目的是希望大家真正瞭解每個動作背後的用意，而不是一個口令一個動作，戰戰兢兢的測量 1 大匙、2 茶匙。我相信一旦掌握了方法並知其所以然，下廚者不僅能輕易依樣畫葫蘆，更能觸類旁通，舉一反三。

這本書集結過去幾年來在網上示範的所有菜色，也包括一些我曾在臉書和微博上隨手分享的家常菜，每一道都經過我自己與許多網友們的測試，算是成功率很高的範本。 如今影音文字化，一方面為了方便快速瀏覽查詢，另一方面也想更深入的探討一些原則和理念。如果文字上還有什麼不清楚的，歡迎上 YouTube 或優酷看全程示範。書裡另外收錄了我對做菜各個環節面向的一些心得彙整，包括如何組合一頓飯的菜單、如何輕鬆請客、如何擺盤、如何用酒等等。整理文字時我狠狠的刪除冗贅廢話，希望留下的都是有意義的資訊。

在此大道理不多說，只想傳達我對做菜的熱忱和日積月累的心得體悟。我深信唯有動手做才能真正瞭解，而唯有瞭解才能欣賞和開創。飲食之均衡、人際之和諧、環境之改善，可以從大家回歸廚房開始。

視頻幕後人員

莊祖宜
2015. 4. 27 Jakarta

目次　Contents

Part.1 醬料、沙拉涼拌、小點、湯品
Sauce, Salad, Appetizer, Soup

Part.2 肉類&海鮮
Meat & Seafood

Part.3 麵飯＆蔬食配菜

Starch, Vegetable, Side Dish

Part.4 烘焙點心
Bread, Dessert & Drink

工欲善其事

我認識不少「工具控」，他們對於各類高端器材的性能優劣如數家珍，閱讀消費者評鑑和型號規格表的興味有如市井小民搜羅八卦新聞。這種鑽研的精神很值得敬佩，但可惜許多人對於買來的高端器材之使用，時間上遠不及前置研究作業。他們的昂貴相機主要用來測試不同 ISO 感光值的清晰度，高檔鏡頭用來飆對焦速率；剛入手時還偶爾帶出門拉拉風，日久就束之高閣，讓位研究下一個功能強大的玩具。

其實對絕大多數的人來說，不管企圖涉入哪個領域，平價的大眾化工具就很夠用了。以廚具來說，過去除了婆婆媽媽們偶爾會在商場圍觀不沾鍋煎蛋示範以外，很少有人關心材質和性能。然而近年來美食搖身顯學，廚具的品牌種類跟著百花齊放，價格差距有時很驚人，不免令人疑惑。幾年來，我幾乎每天都會收到讀者來信，詢問到底應該買什麼品牌或材質的鍋子、菜刀、砧板、烤箱……其中不乏剛開始學做菜就費心研究不同金屬之導熱性能的「工具控」。他們覬覦法國手工鑄造，動輒一把要三、五百歐元的銅鍋，因為「導熱性能最好」，豈知除非你專門負責燒那種一超過 65℃ 就油水分離的白奶油醬（beurre blanc），黃銅對火力敏感的溫度調節性能可能根本感覺不到；反之如果你每天負責燒白奶油醬，隨便拿一個鋁合金鍋子保證都燒得出來。

我在不少高級餐廳工作過，可以很確切的告訴大家，那些餐廳用的鍋具都是平價批發來的不鏽鋼或鐵氟龍材質，燒出來的菜一樣色香味俱全，甚至摘下米其林星星。還記得我在廚藝學校時，有一回教學廚房裡某個大烤箱的溫度調節器壞了，不管怎麼調都停在最大的火力。搶佔不到別台烤箱的同學們緊張得不知如何是好，這時一位大廚氣定神閒的走過來說：「怕什麼呢？門上卡一個鍋鏟，開個縫散熱就好了－縫開得越大，溫度就降得越低，跟旋轉鈕一樣。只要隨時用眼睛、鼻子注意裡面肉烤得怎樣，不會有問題的！」原來這位大廚以前工作的餐廳裡就有這樣一台破烤箱，老闆一直不願出錢修理，以致練就了一身判斷火候與臨機應變的本領，這可是用智能溫控烤箱或紅外線遠距溫計的人永遠學不來的。

當然我知道，使用工藝精良的器具，本身就是一種滿足感，甚至有可能讓人因而想從事這項活動。這就如同我為了提起興致練瑜伽，非買一套涼爽排汗的瑜伽服、搭配了民族風揹袋的瑜伽墊一樣。其實憑我這種菜鳥身段，穿 T 恤短褲在地板上膜拜太陽就綽綽有餘了，機能性配備只是做心理建設的；如果哪天我能像老師一樣用頭頂倒立，那絕對和配備無關。在我看來，高檔工具在大多數狀況下都只是錦上添花，如果你開心又負擔得起，當然很好。我親眼見過釉色鮮豔的鑄鐵鍋讓新嫁娘每天喜滋滋的熬湯燉菜；手把弧度優美的炒鍋讓廚子在拋甩的同時忍不住吹口哨；大光圈的定焦鏡頭讓攝影師不厭其煩的嘗試每一種天光角度；玫瑰木吉他溫暖的琴音讓吉他手一轉眼練琴八小時……他們之所以「善其事」，最終不在於器具之利與否，而在於滿腔的熱忱。所謂工欲善其事，我認為必先動手做，且一做再做，別無他途。

基礎工具
一覽

過去十年間我五度跨海搬家，每次整理行囊都忍痛捨棄一些不常用或功能重複的廚具，力求精簡再精簡。以下是我認為不可或缺的工具。

大刀
Chef's Knife

一把萬用大刀是廚師手指的延伸，抓起來得心應手很重要，是唯一有必要多花點錢投資的工具。我用的是當年廚藝學校發給我的 Wüsthof 7 吋長高碳法式鋼刀，十年如一日，出門旅行都隨身攜帶。市面上廚師大刀分中式、西式和日式。中式菜刀的刀面寬大，手感沉，除了適合切斬剁，橫切薄片和搬移砧板上的食物也特別方便。西式大廚刀稍微輕巧一些，最大的不同在於刀鋒有個弧度，可以上下扳動或前後推拉，我個人覺得用來切絲和剁蓉很方便。日式大刀結合中式的水平刀鋒和西式的輕巧刀面，很多人認為是理想組合。究竟該選擇什麼形狀、大小、輕重的刀，完全要看個人使刀的習慣和手感，所以最好親自到店裡比較看看再決定。

鋸齒刀
Serrated Knife

鋸齒刀主要用來切表裡軟硬質地差距大的食物，比如脆皮麵包、番茄、總匯三明治。一般刀鋒切割時施力是由上而下，切開硬皮的同時容易壓扁柔軟的內裡。鋸齒刀的使用方式是前後推拉，能很輕易的切過硬皮，不造成任何擠壓，所以裡外軟硬差距大時可以切得比較平整。由於鋸齒刀不能磨也不需特別鋒利，買平價的即可。

磨刀棒
Sharpening Steel

特別講究的廚師會告訴你，一定要用磨刀石，但老實說一般狀況下磨刀棒就很夠了。每次用刀前後用刀鋒對著磨刀棒呈30度角兩邊來回刮幾下，刀子可以常保鋒利。如果好好照顧的話，一年頂多請專業磨刀匠保養刀子一、兩次就好了。

剪刀
Scissors/Kitchen Shears

除了用來剪食物包裝之外，一把鋒利的大剪刀也可以用來給雞鴨和魚蝦開背，非常好用。

削皮刀
Peeler

我喜歡用手把呈 Y 字型的削皮刀，削馬鈴薯和胡蘿蔔皮又快又薄，也可以刮出大片的檸檬皮和漂亮的蔬菜緞帶（見 59 頁「櫛瓜緞帶沙拉」）。

刨絲刀
Grater

Microplane 是專業廚師最常用的品牌，人手一支，用來刨乳酪絲和檸檬皮。現在很多廚具品牌都設計了相似的刨絲器具，中式刨蘿蔔絲的刮板也可以勝任同樣功能。

砧板
Cutting Board

有些很講究的人堅持選用大塊原木砧板，但那需要抹油保養，長年使用也怕藏匿細菌，所以我通常使用塑膠或竹製砧板，物美價廉好清洗，刮到面目全非或彎曲變形的時候丟掉替換也不會太可惜。至於漂亮的木砧板，就留下來切麵包或盛菜擺盤用吧！

平底不沾鍋
Non-stick Skillet

不沾鍋的名譽似乎不太好，常有報導說鐵氟龍塗層會致癌，但其實這跟鍋子沒關係，主要是使用不當，讓塗層被金屬鏟子或鐵刷刮傷了。現在的不沾鍋越做越好，除了最廉價惡質的以外，一般塗層都比較厚而硬，沒那麼容易刮傷，只要小心使用並不會出問題，是廚房裡烹調魚、雞蛋、鬆餅和可麗餅不可或缺的利器。我家裡有一把直徑 8 吋（20 公分）的用來炒蛋和煎餅，另一把 12 吋（30 公分）的煎魚用。

平底鑄鐵鍋
Cast Iron Skillet

鑄鐵厚實，儲熱穩定，煎肉可以煎出最漂亮的金黃色與最焦脆的口感。我喜歡用沒有上琺瑯釉的純黑鑄鐵煎鍋，一來便宜，二來極耐高溫，還可以為食物增添人體需要的鐵質。無釉料的鐵鍋唯一缺點是容易生鏽，需要保養。第一次買回來要在鍋面抹一層油，然後倒過來放在 180 ～ 200℃ 的烤箱裡烤 1 小時。以後每次煎有油脂的食物都形同保養，長久下來會養出一層發亮的天然保護層。當食物沾黏鍋底的時候，最有效的清洗方法是在鍋裡倒一點水煮開，然後邊煮邊用木鏟刮除沾黏的食物。全部清洗乾淨後務必把鍋子徹底擦乾或在爐火上烤乾，然後再薄薄抹一層油即可。我家裡有一把直徑 10 吋（25 公分）的美國老牌 Lodge 煎鍋，另外兩把 8 吋（20 公分）和 6 吋（15 公分），台灣製的，我當成小烤盤。一般在登山野炊用品店或廚具批發店買得到。

燉鍋
Dutch Oven/Casserole

理想的燉鍋一定要有蓋子，而且鍋底面積不能太小，這樣煎、炒、燉才可以都在同一個鍋子裡進行。材質上有塗了一層琺瑯釉的鑄鐵非常理想，因為儲熱穩定，適合慢燉，又可以整鍋放進烤箱，端上桌也好看，唯一缺點就是在國內價格高得嚇人。如果用康寧鍋、砂鍋、不鏽鋼等材質的燉鍋當然都可以，重點是大小形狀必須適當。

炒菜鍋
Wok

中式傳統炒鍋非常萬用，除了煎煮炒炸，加個鐵架子或竹籠子又可以蒸東西，中西餐都合宜。材質上我喜歡堅固耐高溫的傳統生鐵炒鍋，它跟鑄鐵一樣，洗淨後需要烘乾抹油以防鏽。現在很多不沾材質的炒鍋做得很好，輕巧易掂，但看個人喜好。選擇上口徑千萬不要太小，免得菜擠成一團難以受熱。如果真的沒有燉鍋的話，炒鍋加個蓋子就可以燉肉了。

小湯鍋
Saucepan

有時只需要煮一碗單人份的麵，或是熬一點醬汁、糖水，加熱一點剩菜，這時小口徑的湯鍋就非常實用，我有時候甚至用來炒少量的菜。

鏟子
Spatulas

我家裡備有幾把木頭鏟子炒菜，另有一把薄面有彎角的鏟子（offset turner）用來讓煎餅和魚翻面，幾把矽膠鏟子（silicone spatula），做甜品可以把鍋盆裡的糖漿麵糊刮得特別乾淨。

大湯勺
Ladle

用來盛湯、淋醬、倒麵糊。

夾子
Tongs

就是麵包店裡常見的人字夾，在廚房裡實在太好用了，所有煎、烤、炸的高溫食物都可以用它夾取翻面，比單用鍋鏟或細長的筷子方便穩當得多。

漏網
Strainer

淘米、洗菜、撈麵、篩粉、過濾湯汁……不可或缺的小工具。

沙拉脫水器
Salad Spinner

這個東西實在太好用了，洗好的菜葉放進去旋轉幾下，靠著離心力脫乾多餘的水分。除了用來準備沙拉葉之外，我也會洗一般蔬菜，一舉包辦浸泡、瀝乾和脫水等所有功能。

鐵碗
Steel Prep Bowls

這跟漏網和人字夾一樣，都是屬於常被忽略但功能強大的廉價小工具。鐵碗輕巧摔不破，疊放收納也容易，大大小小可以多買幾個，用來備菜、裹粉、打蛋、發麵糰都好。架在裝了水的小湯鍋上還可以融化巧克力，是最簡便的隔水加熱設備。

杵臼
Mortar and Pestle

用來搗薑蒜泥，磨香料、堅果、穀類、藥材……建議買口徑深廣一點的，搗的時候食材比較不會飛濺。一般說來材質越重的越好磨（如大理石），但陶瓷或木頭也有輕巧的優勢。

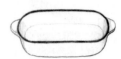

烤箱
Oven

請參考 144 頁〈不可或缺的烤箱〉。

烤盤
Baking Pans

烤盤種類很多：有烤通心粉或千層麵的陶瓷小深盤（baking dish）；烤全雞、整根肋骨或整排羊架大深盤（roaster）；烘烤各式麵包蛋糕點心的專用模具（bread pan, cake pan, tart mold……）；烤餅乾用的金屬淺底長方烤盤（sheet pan）等等。除非你熱衷烘焙且對形狀有嚴格要求，一般說來除了烤箱附贈的烤盤之外，頂多需要再配備一、兩個大小合宜，耐熱的金屬或陶瓷深盤即可，甚至只要沒有塑膠把手的金屬鍋子也可以充當烤盤，而烤蛋糕的盤子也一樣可以拿來烤肉食和蔬菜。

防熱手套
Oven Mitts

既然要用烤箱就不能沒有防熱手套。開烤箱門之前，戴上手套必須成為不假思索的反射動作。

美式量杯
Measuring Cups

本書裡所有相關的材料分量同時提供美式量杯比例與公制重量，但我還是很建議在家裡準備一套量杯，方便又不貴，而且很多食譜都是用美式測量法標註食材，如果家裡有量杯就不用麻煩換算。需要注意的是，美式量杯有分液體杯和乾粉杯，前者有傾倒斜口，後者口徑水平，方便把欲測量的麵粉或砂糖刮平整以求精確。兩者體積都一樣，1 杯約相當於 240 毫升，量清水則剛好是 240 克，因為水的體積與重量比為 1：1。其他材料的密度則不同，比如 1 杯未過篩的麵粉約 140 克，過了篩則是 126 克。當食譜指明用量杯時，要測量的是「體積」，不是重量。千萬不要擅自用「1 杯（水）＝240 克」的公式換算重量其實都不一樣的麵粉、玉米粉、砂糖……以免功虧一簣。

量匙
Measuring Spoon

量匙也是美式的，一組四種量匙分為 1 大匙（tablespoon，簡寫 tbsp）、1 茶匙（teaspoon，簡寫 tsp）、半茶匙、1/4 茶匙。其中 1 大匙＝3 茶匙。由於有些材料使用的分量很少，有時電子秤都不好量，用體積測量就方便一點，家裡準備一套可應不時之需。 當然量匙主要用於講究精確的烘焙，一般做菜可憑感覺，口舌才是最可靠的標準。

電子秤
Digital Scale

現在電子秤做得越來越好，輕巧精確，又能轉換公制英制。如果常做烘焙的話，一定要準備一個。

打蛋器
Whisk

打蛋器可以快速調勻醬料、麵糊，專打雞蛋時把空氣打入蛋液組織使之膨脹。一般烹飪，最陽春的打蛋器就綽綽有餘，但如果常做點心需要打發蛋白或奶油霜，我建議買一台手持電動打蛋器。

擀麵杖
Rolling Pin

中式擀麵杖就是一根細細的木棍，用來擀小而薄的麵餅或餃子皮特別輕巧方便。西式擀麵杖有手持的大木桿貫穿一個大滾輪，其重量體積與滾動功能都是為了更輕易的把麵糰擀得平滑均勻，我覺得做麵包、塔、派非常方便。

電飯鍋
Rice Cooker

這應該不需要多說了。

果汁機／攪拌機
Blender

除了打果汁之外，所有濃湯、抹醬都需要果汁機的打碎功能。可以買傳統的果汁機，也可以選用手持攪拌棒（immersion blender），前者打出來的質地比較滑順細密，後者可以直接放入鍋子裡打碎，很方便。

其他還有一些頗有用的小工具，如肉鎚（meat tenderizer）、壓薯泥棒（potato masher）、矽膠墊（silicone mat）等等……我也常用，但頻率不如以上器具，而且如果真的沒有也能用別的方法代替。另外大型機械幫手如所謂的「廚師機」（stand mixer）和食物處理機（food processor）價格高昂又佔地方，除非你真的常用，否則真的不需要為買而買。大部分機器能做的事，手也可以做，如果只是偶爾做個麵包、烤個派，不如就用手揉麵，當作是修身養性吧！

下廚前的叮嚀

以下是我觀察身邊友人，還有和網友交流多年所注意到很多人需要改進的廚房習慣，在此一次整理清楚，希望大家隨時提醒自己。

1 / 力求整潔和有條有理

專業廚房裡講究所謂的「mis en place」，法文直譯過來是「東西放好」。主要指的是開伙前的準備工作——所有材料都剝好、切好、倒好，井井有條地擺在小碟、小碗裡，一目瞭然。我自己剛開始有點抗拒這做法，心想我動作夠快，隨時需要隨時抓就好了，而且菜切好了放在砧板角落就行，何必動用那些碗碟呢！後來經驗證明，菜做完了多洗幾個空碗碟，絕對比為了避免洗碗而捉襟見肘的在擁擠的砧板角落切菜來得省力。再說無論多麼精明俐落的人都有出紕漏的時候，難免一忙起來忘這忘那，鑄成難以挽回的錯誤。反之如果準備齊全，即使同時處理好幾道菜也能從容面對。

2 / 買把好刀，好好保養

我發現大部分家中的刀都鈍得不像話，別說切薄片細絲了，就連蘋果都得用力剁，洋蔥也因此嚴重出水讓人淚如雨下。現在我出遠門都帶自己的刀，就是為了避免這種狀況。建議大家與其花大錢買鍋子和碗盤，還不如先買一把像樣的刀子，絕對事半功倍。

3 / 煎、烤、炸的食材，烹調前請擦乾

你怕被油花濺傷嗎？有水就會爆油花。但除了顧慮燙傷之外，對我來說更重要的是，當食物表面有太多水分時，怎麼加熱都沒辦法超過 100℃ ，是不可能上色、變金黃焦香的，那還不如用微波爐算了。

4 / 鍋子不要太小

我看過很多人因為單身或是家庭成員簡單，買那種非常小巧的煎鍋和炒鍋。如果真的只需要煎一片牛排或炒兩顆雞蛋也就罷了，否則那麼小的鍋子儲熱有限，一旦加多食材東西溫度會下降，食物擠得動彈不得無法適當受熱，只能溫吞的釋放水蒸氣，最後變得乾枯老硬，這可別錯怪瓦斯爐火力不夠。

5 / 相信自己的眼耳口鼻

新手做菜最常見的問題就是盲目遵循食譜。食譜說一張餅用中大火煎 2 分鐘翻面，你就乖乖的計時 2 分鐘，結果翻面發現已經燒焦了。其實早在那之前就應該守在旁邊觀察：表面是否發泡、餅緣是否翹起、是否已有香味傳出……甚至用鍋鏟撩起邊角瞧瞧底下煎得怎麼樣了。畢竟爐台的火力、鍋子的導熱性能、食材的大小厚薄等等都是變因，不能一味遵照參考用的數據，唯有自己觀察每個步驟的轉變才能確認無誤，進而掌握其中微妙之處。調味的掌控更是如此，不管同一道菜已做過多少次，每次還是要邊做邊品嘗，隨時調整鹽分與甜酸辛辣，為出菜品質做最直接的品管。

6 / 選用好食材

我是個節省到有點小氣的人，花錢向來精打細算，但多年買菜做菜的經驗告訴我，對於吃下肚子的東西千萬不要太小氣。比方買橄欖油不要選來源地表示不清楚的便宜貨，那多半是染了色的次級品或混充油。肉和雞蛋也最好選有機或散養的，寧可吃得少一點，好一點，不要莫名吃下一堆荷爾蒙和抗生素。蔬菜我也很捨得買有機的、溫室水耕或無毒轉型的，雖然貴了點，但一來吃得安心，二來省了我反覆清洗

浸泡的時間，三來每次買的量少一點，最新鮮的時候吃完，比便宜一大把的菜吃不完放到爛還划算。但最重要的是，沒有好的原料，哪裡做得出好菜呢？

7 / 冷凍食材必須冷藏解凍

現在的冷凍技術非常好，許多魚蝦在捕撈地現場急速冷凍，品質和新鮮度更勝過市場裡沒有冷藏設施販賣的魚貨。但冷凍食品很重要的是必須維護「冷鏈」，也就是說在所有運輸和儲藏的過程中都要保持低溫，否則一下解凍一下冷凍，不只品質嚴重受損，也會滋生病菌。為此，購買冷凍食品時一定要自己帶冰袋，而且買好立刻回家放冷凍庫。要吃的前一天把食材移到冷藏櫃慢慢解凍，解凍完就像在原產地一樣新鮮。如果隨便把冷凍海鮮或肉放在室溫解凍，甚至沖溫水，那就完蛋了，因為快速解凍的大顆粒冰晶會破壞肌肉組織，使肉質變得破爛且不斷出水，另外溫度升高也會讓魚蝦表面的酵素活化，加速分解蛋白質產生腥味。如果你所有運輸和解凍的步驟都做對了，煎炒時還拚命出水，那可見商家已破壞冷鏈，下次不要再跟他們買東西了。

（攝影：黃鶯）

不愛吃西餐？

　　很多來我家吃過飯的朋友都曾不約而同提到，他們平常不愛吃西餐，但我做的西餐卻出乎意料的可口，是不是特別調整做法迎合客人的「中華胃」呢？我自認不曾特地迎合中式口味，於是仔細思考了這個問題。結論是或許大家吃慣了富含鮮味的調料如醬油、豆瓣醬、味噌、柴魚……對於歐美菜系裡奶蛋掛帥但缺乏鹹鮮滋味的菜色提不起興趣。而我特別喜歡運用南歐地中海一帶以鮮味取勝的食材，如鯷魚（anchovies）、酸豆（capers）和帕瑪森乳酪（Parmigiano-Reggiano），只要加一點點，原本乏味或死鹹的菜色立刻變得圓潤飽滿、滋味無窮，或許也因而能滿足國人無醬油不歡的味蕾。

　　所謂鮮味（日本人稱之為「旨味」或「umami」）以最純粹的化學形式呈現就是麩胺酸鈉，也就是味精。其實它存在於許多天然食材裡，像番茄、蘑菇、海帶，另外就是醃漬和發酵食品。近年來科學界致力研究味覺反應，發現我們的舌苔和小腸壁上都有專門感應鮮味的「受體」（receptor），傳導至大腦會產生愉悅感受，同時也幫助消化。有趣的是，鮮味若沒有鹹味和香味輔助，舌苔和大腦幾乎感受不到。比方單吃味精就沒有味道，但若同時加點鹽和胡椒則滋味立現。同樣的，番茄若單吃也有點單調，但只要撒一點鹽，鮮美的內在風味立刻引爆。實驗還證明當鮮味存在時，鹽只要加一點點就覺得夠鹹，兩味相輔相成，效果相互擴大。

　　為此我很不贊同那種強調什麼都吃「原味」、最好少鹽寡油甚至無鹽無油的做法，因為原味和調味是分不開的。過度使用辛香料會造成感官的疲勞轟炸，過度用鹽也怕傷腎和導致心血管疾病，但適量的運用鹽和蔥薑蒜、胡椒、辣椒、檸檬醋酸等辛香料就能提引食材本身的鮮美。反之如果食材本身欠缺鮮味，只要恰當的加一點上面提過的鮮味元素，馬上會變得好吃很多。現在連許多西方大廚都學會應用醬油、味噌和魚露等亞洲傳統調料提鮮。我們一樣可以運用這些熟悉的材料為西式菜餚畫龍點睛，比如我在書裡示範的「煎鴨胸配香橙醬」裡就用

了醬油，西式煎鮭魚排也搭配了「白酒味噌醬」，結合起來一點也不突兀。

本書裡另有許多運用帕瑪森乳酪的菜色，我衷心建議大家不要因為不愛吃乳酪就嫌棄跳過。事實上我從來沒遇見過任何華人（包括有乳糖不耐症的人）在吃了義大利的帕瑪森乳酪後表示不喜歡的。帕瑪森是長期發酵的乾酪，乳糖大多已轉換成乳酸，發酵過程中產生了非常強烈密集的鮮味元素，跟醬油有得較勁。既然要用帕瑪森就要用真正的 Parmigiano-Reggiano，或是同產地較便宜的 Grana-Padano 也行，千萬不要買罐裝的粉末冒牌貨。切塊的乾酪買回來用廚房紙巾包著防潮，裝在保鮮袋裡，每次要用就刮一點，用到最後剩下硬皮就丟到湯裡一起煮，比加味精或雞粉還鮮！

最後再回頭來說，很多人不愛吃西餐有時跟西餐本身沒關係，而是因為認知裡的西餐根本不倫不類。比如擠了大量甜味美乃滋的沙拉和三明治、炒了黏稠麵糊的濃湯、狠狠勾了芡的牛排醬、撒滿三色冷凍蔬菜的比薩和通心麵……這就跟西方人在國外中餐館吃了黏糊糊的「甜酸肉」和「左公雞」之後，認定中華美食也不過如此是一樣的道理。反之只要放開心胸去嚐試，每一個菜系都有令人驚喜的美味，而且越吃會越懂得欣賞。從此你就能說：「我喜歡南歐料理勝過中北歐料理，尤其偏好西班牙菜，且對某些拉丁美洲的菜色也特別欣賞……」，而不是以偏概全的抹煞整個「西餐」了。

談菜色安排

　　大約從高中時期開始，我意識到自己對菜單有濃厚興趣。與親戚們一起上館子聚餐，我喜歡盯著菜單一頁頁細讀，試著從菜名揣摩味道。有時我們一家重口味的大人連續點了幾道香辣和紅燒的菜，我會在旁邊小聲建議：「可以加個涼拌竹筍／清炒豆苗／雪菜百頁⋯⋯嗎？」反之如果大體菜色比較清淡，我也會建議來個辣的、酸的，或濃油赤醬的。剛開始讓大人們感到很驚訝，奇怪！「小孩子」怎麼對點菜有意見！然而幾次餐聚下來，我點的菜總是特別受歡迎，後來我姨媽乾脆直接對大家說：「祖宜很會點菜，就讓她來吧！」從那時開始我肩負起家族裡點菜的責任，還因為長輩們計較開銷，學會專攻大酒肆裡的家常小菜，練就一身控制預算的本領。

　　所謂「會點菜」，倒不是說我點的菜確實比較好吃。口味本來就很主觀，有人嗜辣、有人喜清淡、有人愛酸甜，沒有絕對的好與不好。一餐搭配得宜的菜，像詩歌散文一樣，結構平衡且有起承轉合。有些食材搭配在一道菜裡有如押韻，特別契合，而這道菜配那道菜，又像是對仗工整的文句，適切得宜。國人講究「色香味俱全」，其實已把菜色安排的考量一網打盡。「色」是賣相與色澤，試想如果一桌菜清一色土黃，即便全是山珍海味也難提起胃口；反之如果有淺棕、暗紅、碧綠和瑩白，立刻賞心悅目。從色澤出發的好處是，顏色一旦平衡，香味和口感通常也自動就位。比如棕色系的紅燒肉軟爛帶微甜醬香，搭配紅豔香辣又滑嫩的麻婆豆腐，一碟青脆的時蔬，再加一道皎潔的竹筍或蓮藕／清蒸魚／炒蝦仁，在我看來就好看好吃又均衡。

　　據說名廚 Thomas Keller 在他的 The French Laundry 餐廳裡每日提供兩種（葷與素）含九道菜的套餐，強調九道菜吃下來，沒有一種食材重複使用，也就是說如果其中一道菜有大蒜，其他八道菜都不能再用大蒜。這個堅持的用意在於把口味的多元性推到極限，全面開闊用餐者的味蕾。如此費

工夫費腦力的做法當然不是一般人可以仿效的，但它為我帶來了一大啟示：合理的狀況下，一餐飯的菜色類別最好不要過於重複。傳統上我們對大餐的定義是「雞鴨魚肉」：有了醉雞還要雞湯和烤鴨，有了螃蟹還要龍蝦，有了蹄膀還要獅子頭……且不談這對血壓血脂血糖的負擔有多大，光是味蕾就飽受疲勞轟炸，反而辜負了一桌子山珍海味。我曾在一篇談年夜飯的文章裡這麼說：

> 想想所謂「過年，菜一定要多」，大概就跟「應酬一定要互相乾杯灌酒」「喜宴一定要請吃魚翅」一樣，主要都是做給別人看的吧！捫心自問，大多數的人覺得猛灌烈酒是受罪，也很少有人真心覺得魚翅是人間美味，但為了面子卻可以不假思索的危害健康和生態，實在沒有道理。將心比心，其實這年頭大家都寧願吃得精一點，少一點，而且價錢貴不如味道好，大魚大肉不如蔬食小菜。如果不以是否擺得上檯面為標準，而多想想自己和家人客人到底愛吃什麼，年夜飯和平日請客的菜色與菜量大概都會有點不一樣。

在此誠心建議大家，安排菜色時要丟開一切面子考量，改從口味和食材出發。依我個人而言，通常在餐廳點菜或市場買菜，總會有一道菜或一種食材特別吸引我，而我多半就從這道菜或食材作為起點，延伸考慮其他搭配。如果這道菜清脆，就考慮加一道軟嫩或酥爛的；如果偏甜，或許再來個酸辣的；如果下鍋油炸，或許來個清燉或涼拌的；如果是葷的，就搭個素的；如果偏紅偏棕，就挑個偏白偏綠的；如果是貴的，就揀個便宜的……如此連環推敲，左斟右酌，不管三道菜五道菜還是八道菜都能各就各位。這聽起來或許有點複雜，但絕對不像那種「A 要跟 B 坐在一起，B 要跟 C 或 D 坐在一起，C 不能跟 A 坐在一起……」的邏輯問題那麼讓人頭痛，一來因為口味很有彈性，二來，考慮吃什麼（在不虞匱乏的狀況下）是快樂的。只要學會靜下來聆聽自己的肚子和口舌，原本渾沌的飢餓感會逐漸凝聚成確切的渴望，而渴望——正是菜色安排的最高指導原則。

在家請客的
輕鬆法則

前面談到的「菜色安排」原則適用於餐廳點菜與在家做菜，但同樣的原則實踐起來又有所不同。在餐廳點八道菜很容易，在家裡做八道菜卻可以累死人。依據多年大小宴客的經驗，我歸納出以下幾項幫助自己臨危不亂的要點。

1 / 菜色種類不要太多

　　傳統中式宴客講究豐盛，三個人可能要五、六道菜，五個人可能要七、八道菜。我還曾經見識過桌面已擺滿了，盤子上繼續層疊盤子的浩瀚場面，至今對主人的用心與熱情難以忘懷。然而感動歸感動，自己做主人的時候，老實說真的沒有必要這麼辛苦。與其為加菜忙得蓬頭垢面，來不及與朋友把酒言歡，我認為更理想的做法是專精於幾道有限的菜色。如果人多，每道菜的分量就相對做多一點，如此而已。為現有的菜色加量，絕對比多一個人就多一道菜來得輕鬆。

　　我這樣的想法最初源自西餐結構，但其實適用於各種菜系。西餐的結構最基本包括：主菜、澱粉主食、蔬食，但繼續延伸也可以添加如下：

- 前菜（appetizer）
- 沙拉（salad）
- 湯（soup）
- 麵包（bread）
- 肉食／海鮮（meat／seafood）
- 蔬食（vegetables）
- 麵飯／澱粉主食（starch）
- 甜點（dessert）

轉換為中式菜色大致如下：
- 小菜／涼菜
- 湯
- 糕餅麵點
- 肉食／海鮮
- 蔬食
- 飯
- 水果／甜點

也就是說，一般狀況下只要有一道涼菜、一道肉食或海鮮、一道蔬食，配上米飯，再切點水果，就已經架構完整。如果需要更豐盛一點，可以加一道湯、一份糕餅麵點、或是多幾道涼菜或蔬食。

這樣組合的彈性很大，其中涼菜可葷可素，可肉食可海鮮；蔬食配菜隨季節更替；澱粉主食囊括飯、麵、五穀雜糧、根莖地薯，簡則蒸煮食原味，繁則加料調味。肉食或海鮮主菜一次燉一大鍋或炒一大盤，顯眼又省力。

此外，名稱上雖有所謂前菜、主菜、配菜之別，上菜程序卻不需有前後之分。一般人印象中，西餐總是一道接著一道，這種上菜方式最早被餐飲專業人士稱作「service à la Russe」，是十九世紀初由俄羅斯宮廷傳入歐洲的做法，有別於「service à la Française」，也就是所有菜色一起上桌的傳統法式作風。前者後來演變成西式餐館上菜的主流標準，後者則是從古至今各地家庭用餐的慣例，其實跟中式做法一樣。

直至今日我去歐美朋友家裡作客，除非是極其正式的場合，或是主人特別想營造餐廳的氛圍，一般來說菜都是大盤大碗的一起上桌，大家沿桌分食。近年來世界各地許多餐廳甚至都開始回歸家庭式的上菜，英文稱作「communal dining」，時髦男女趨之若鶩。所以大家千萬不要認為做西餐就非得一人一份擺盤上桌，因為無論遵循傳統還是趕流行，我們所熟悉的分食模式都是主流，中西餐飲的界線沒有大家想像得那麼分明。

2 / 善用不同火力的烹調方式

常聽人說：「西餐最容易了，中餐的難度比較高。」這點我基本上同意，主要因為中餐菜色沒有明顯的主、副之別，每一道菜都重要，又要幾乎同時上菜，特別考驗做菜之人時間管理的能力。針對這個問題，一個解決之道就是前述要點：不要做那麼多道菜！另外就是善用不同的烹調法與火

力來源，能先做的就先做，能不用瓦斯爐的就不用瓦斯爐。
比方說：

- 慢燉菜：所有慢燉的菜肉和湯品都可以提前製作，甚
  至前兩天做好擺進冰箱。這樣非但不影響品
  質，反而會讓菜餚更入味，到時再熱一下就
  香噴噴。
- 涼拌菜：人多的時候，我喜歡多做涼菜，因為它……
  嗯……不怕放著放著就涼了！為了避免脆嫩
  的蔬菜因太早調拌而變軟爛，我們可以先把
  菜清洗切好，需要先抓鹽或汆燙也準備好，
  另外調好醬汁，用餐前快速拌一下即可上桌。
- 烤箱菜：烤箱不只適用於西點，還可以做許多好吃的
  中西式正餐，不但減少油煙，還省下爐台前
  寶貴的空間，讓下廚之人可以從容的準備最
  後一兩道必須熱辣上桌的快狠準炒菜。

如果你很會用電鍋燒菜，或是陽台上、院子裡另有烤肉
架或土窯，都應該善加利用。分散烹調的火力來源、時間與
空間，主人就不需要一整晚待在爐灶前忙著出菜，而可以優
雅從容地坐下來吃飯聊天。

3 / 善用優良的外食或半成品

這是寫給很 pro 的人看的。我剛從廚藝學校畢業的時
候，非常堅持什麼都「do it from scratch」——自己從頭做
起，好像只要端出外面買來的麵條、泡菜、果醬、蛋糕……
就很違背良心似的。後來到餐廳裡工作，一位很尊敬的大廚
告訴我：「如果自己做得真的比較好，那就自己做。如果人
家做得更專業更好，那就買啊！這就是分工，省下來的時間
可以把別的環節做得更好，而且『product knowledge』，知
道什麼產品好，哪裡買得到——也是一門學問。」

後來經驗證明，的確不會有人因為我買了好吃的麵包、
蛋糕或小點搭配自己的家常菜而質疑我的能力和誠意。不過
如果我有閒情逸致自己做，當然皆大歡喜，而且即使做得不
好，大家還是很感動，所以結論是開心最重要。

4 勿拘泥形式

　　講了這麼多，都是一些參考原則，而原則都可以打破。我說吃西餐可以像中餐一樣沿桌分食，其實吃中餐有時也不妨像西餐一樣，一人一份擺盤出菜。如果是熟識的朋友來作客，有時一碗精緻的麵飯反而比一桌菜更溫馨。我一直記得十幾年前第一次隻身去北京旅遊時，當地遠房的伯伯（父親的堂哥）帶我去參觀長城和明十三陵，之後邀我回他小小的公寓裡吃一早煮好的清粥配醬菜，還有一籠路上買的包子。我們初次見面的一老一小喝著熱氣蒸騰的白粥談書、談歷史、談海峽兩岸的親人……那餐飯的滋味，是北京烤鴨和清宮宴都無法比擬的。

　　接下來是一些簡單的中西菜色組合範例，做為小家庭平日晚餐不會太費力，與三兩好友相聚小酌也不顯太寒酸。

（續下頁）

談擺盤

首先我要澄清一點：好吃絕對比好看重要！我相信大部分的人寧可在破爛小店裡用缺角的碗盤吃香噴噴的菜，也不要去高級餐廳裡吃精雕細琢卻沒有味道的大餐。不過在好吃的前提下，如果一道菜能呈現得賞心悅目，絕對是加分的。擺盤的風格和選擇服飾配件一樣，有其流行趨勢，也有一些歷久彌新的基本原則。要怎麼樣避免古板老套，又不顯得太做作、趕流行，我自己歸納出以下幾點：

1 / 勿裝飾過度

剛開始關心擺盤的人最常犯的問題就是裝飾過度：仙女散花般的香草碎屑，紅黃綠彩椒大放送，醬汁淋很多，肉旁邊圍繞一圈花菜……等等。這就像穿戴了太多金銀珠寶一樣，搶眼有餘，高雅不足。一般說來，裝飾用的食材（garnish）最好也能提升這道菜餚的口味與香氣（比如牛肉麵上的蔥花和酸菜），或清楚點出菜餚的關鍵原料（比如蘑菇濃湯上搭配形體完好的熟蘑菇，迷迭香烤雞搭配一株新鮮迷迭香）。純粹中看不中用的盤飾最好捨棄，因為只會礙手礙腳。如果一盤大魚大肉的顏色實在太單調，需要綠葉襯托，通常在邊角擺一、兩株菜葉就夠了，沒有必要花團錦簇。所謂「Less is more」，有時內斂一點反而事半功倍。

這墊底的是上海式的豆瓣酥，用新鮮蠶豆和鹹菜炒拌壓碎而成。我預留了幾顆完整蠶豆做盤飾，明白點出食材。

2 / 不必太講求均衡對稱

先想想凡爾賽宮庭園裡修剪齊整的花木草皮，再想想小橋流水間林蔭扶疏的中式庭園，兩種截然不同的美學很清楚對應眼前。齊整又精雕細琢的宮廷派作風一來費時費力，二來在我們身處的二十一世紀有點不合時宜，所以我建議大家在擺盤上多效法潑墨留白的美學，不要太執著於均衡對稱。比如說，與其把切了片的香腸以螺旋狀擺成盛開的花朵，不妨試著隨意橫疊三排，頭尾不對齊。有時牛排不一定要放在盤子的正中央，稍微移到旁邊一點，讓醬汁流淌出一個斜角，別有趣味。當然，寫意的潑墨山水也不一定永遠是王道。風水輪流轉，工筆的龍鳳呈祥遲早會回來，所以重點是不要拘泥，力求在規律和動感間找到平衡。

3 / 適度的製造高度

整個九〇年代最流行且與人詬病的擺盤風格就是所謂的「stacking」，層層堆砌。本來水平鋪排的材料全部堆成摩天高樓：馬鈴薯泥上疊菠菜，菠菜上疊牛排，牛排上疊蘑菇，蘑菇上疊培根……沒完沒了！這不只炫耀廚師堆積木的功力，更考驗服務生端盤子的平衡感，好不容易安安穩穩地送上了桌，客人也怕刀叉一碰就崩塌潰陷，不知該從何下手。好在這個不切實際的風潮已經過了，現在冷靜回來看看，我覺得堆高也不是完全沒有道理，重點是不要做得太過分。

由於吃飯的人面對餐盤是側邊斜角的視野，並非由上往下直直俯瞰，若能適度的在盤中製造高度，食物會顯得更立體而不呆板。比方一片雞排或魚排，與其四平八穩的擺在盤子裡，有時不如斜切成兩片，一片平放，另一片倚著它呈 30 ～ 45 度角往上傾。做為盤飾的綠葉也可以整株倚靠著食物挑高豎起，而不一定只是平鋪、墊底、或切碎揮撒。即便只是炒一盤青菜擺在傳統圓盤子裡，只要稍微撥鬆聚攏堆高，通常也會比散開平鋪看起來有趣些。

4 / 碗盤器皿不需成套

　　碗盤裡的食物有線條和高低的佈局，碗盤之間也有律動。我在廚藝學校時曾聽一位校友演講，分享她以「私家大廚」（private chef）身分到府外燴並籌辦派對的經驗。她說要擺出一桌豐盛漂亮的宴席，桌上器皿最好有高有低。為此她蒐集了許多磚頭、石塊、木板、紙盒……開派對時稀稀疏疏的擺在桌上，上面鋪一塊大桌布，立刻顯出深淺不一的 3D 地形。如此在上頭擺放主人現有的碗盤，很輕鬆就能呈現出比平日活潑的風貌。

有花鳥圖案的美麗盤子留給形象簡單的甜點或菜色。

她這一席話令我印象深刻，轉換到自家環境，我開始注意碗盤本身的形狀大小與高低差異。隨後幾年間我陸續蒐集了好幾件單一不成套的餐桌器皿，如長條型的魚盤（後來發現拿來盛菜盛肉也好），正方盤、橢圓碗、淺口小碟、深口大缽、高腳糕點架、扁平乳酪盤……，材質上有陶有瓷，有木頭、琺瑯、壓克力……。比起清一色正圓形的碗盤，我發現擺盤時用長的、方的或不規則對稱的器皿非常省事，炒好的菜往往一股腦倒進去就好，不需特別撥整就很有動感。

　　至於器皿的顏色選擇，我建議最好以純白為主，讓食物本身的色彩與型態盡情展現。如欲穿插其他顏色，我的經驗是選擇冷調色系，如藍、灰、黑，因為食物本身多屬暖色調，在青花或灰黑碗盤裡特別跳脫，反之搭配紅黃色系則突顯不太出來（當然還是見仁見智，比方傳統西班牙菜和墨西哥菜顏色鮮麗，裝在紅土燒製的器皿裡顯出強烈的地域風情）。另外根據我個人經驗，顏色和型態多元的菜最好搭配素色或花紋非常規則的器皿，那些描繪了花鳥蟲魚的碗盤則最好用來盛裝非常簡約的菜。

　　由於我近年來用餐請客都趨向全桌分食的 family style，人多時菜色增量不增樣（請參考 30 頁〈在家請客的輕鬆法則〉），所以特別需要大盤大碗。這樣的碗盤英文統稱「serveware」，大盤子叫做「platter」，大碗叫做「serving bowl」，桌上只要擺幾盤這樣大大的餐食，馬上就有在托斯卡尼鄉間聚餐的義式風情！這樣的大碗盤在國內不好找，建議可以去專業餐飲器材批發店尋寶，或是趁出國旅遊扛一個回來。

　　大盤大碗是我個人喜好的風格，但其實美好的風格有很多種，比如日式琳瑯滿目的小缽小碗或許更適合一般小家庭。我想說的是真的沒有必要一次花大錢買一整套骨瓷餐具（如果是祖上留下的傳家寶當然另當別論）。我家裡唯一成套的餐具是十年前在 IKEA 買的純白清倉貨，其他都是隨緣零買，不少是特價瑕疵品，我還是愛不釋手而且充分利用，尋覓入手的來由也常成為茶餘飯後的閒話。

　　這裡隨手分享一些我摸索多年的心得，給大家參考參考，或許可以激盪出一些不同的思考。如我之前所說，視覺與風尚的東西有趨勢可言，所以現在覺得賞心悅目的擺桌擺盤，十年後看來或許很老套。像我現在回去看我第一本書《廚房裡的人類學家》的配圖，就常為自己當年做的菜視覺上擁擠繁複感到難為情。跟許多心靈手巧的人比起來，我的菜色與擺盤仍顯庸俗，有太多改進空間，但只要多看多嚐多做，每日都有進步，這不就是下廚的一大樂趣嗎？

Part. 01

醬料、沙拉涼拌、小點、湯品
Sauce, Salad, Appetizer, Soup

蝦仁配蒜片和一點鹽、胡椒炒熟，搭配青醬就是一道別緻的小菜。

羅勒青醬

Classic Pesto

羅勒（basil）、松子、大蒜、帕瑪森乳酪和橄欖油的組合是義大利北部熱那亞（Genoa）地區的經典配方，之所以享譽世界，實在因為這幾樣食材搭配是天作之合，把羅勒獨特香氣發揮到極致。由於每一種食材的角色都很關鍵，品質一定要把關：開始軟爛發黑的羅勒或有耗味的松子不能用，乳酪也務必選用真正的帕瑪森，橄欖油要用色澤深沉有青草香的冷壓初榨油。我個人喜歡先燙一下羅勒以去處葉面的酵素，如此色澤更鮮綠持久，打碎成醬更滑順，味道也稍微溫和一點。如果你喜歡比較強烈的氣息，汆燙葉片的步驟可以省略。完成的青醬傳統上用來拌義大利麵，但無論用來沾麵包或搭配各式魚、肉、海鮮、蔬菜和湯品都能增香提味，同時帶來一抹鮮綠的亮點。

材料

羅勒：1 大把

（葉子連莖裝滿約 3 個飯碗。）

松子：2 大匙

大蒜：半瓣

帕瑪森乳酪碎絲：小半碗

冷壓初榨橄欖油：約 120 毫升

鹽：少許

做法

1 / 羅勒入滾水裡燙 5 秒，立刻取出放入冰水裡，然後大致擠乾，切成小段。

2 / 松子入鍋用中火乾炒 2~3 分鐘，不需明顯上色，有點香氣即可起鍋放涼。

3 / 果汁機裡加入羅勒、松子、大蒜、帕瑪森乳酪、1 小撮鹽、4 大匙清水和一半的橄欖油，開高速打碎（有可能需要矽膠鏟把濺到杯緣的碎屑刮回杯底），接著一邊打一邊從上方洞口緩緩倒入剩下的橄欖油，直到青醬乳化至類似美乃滋的濃稠度即可。

4 / 做好的青醬盛入器皿裡，表面再淋一層橄欖油防止氧化，冷藏可保存數日。也可以用製冰盒冷凍成小塊保存月餘。

補充

如果買不到羅勒，用九層塔代替也可以，雖然味道不太一樣，顏色也沒有那麼綠，但味道還是很香。堅果如果有松子當然最理想，但我也曾用杏仁、腰果，還有我印尼新居這裡最常見的蠟燭豆代替，效果都不錯。

芫荽蔥薑青醬

Cilantro, Scallion & Ginger Pesto

　　一旦掌握了經典羅勒青醬的做法後，其他各式青醬變奏就易如反掌。比如法式的 pistu（跟義式 pesto 唯一不同就是不加松子）、西班牙式的 salsa verde（直譯就是青醬）、阿根廷的 chimichuri、印度的 coriander chutney 等等，都是各地特有的綠色醬料。材料可以是巴西利、薄荷、青蔥、香菜、青辣椒等的不同組合，堅果可加或不加，手切或機器打的版本都有，質地濃稠度也依用途和喜好調整。以下這個範例適用於所有中式和東南亞口味的菜系，搭配雞肉和蝦特別好。

材料

青蔥：2 根

香菜：1 把

青辣椒：1 根

薑末：2 大匙

蒜末：1 大匙

鹽：少許

沙拉油：4 大匙

麻油：1 大匙

做法

全部材料切成細末拌勻即可。

一勺芫荽蔥薑青醬搭配白斬雞，滋味更豐富，色澤也更亮眼。

補充

如果省略麻油，改加 1 大匙青檸汁和少許孜然粉，味道就變得很墨西哥了。

墨西哥式酪梨醬

Guacamole

　　Guacamole 是墨西哥餐點必備的沾醬，可惜很多餐廳為了省錢，僅用少少的酪梨調色，然後添加大量酸奶油濫竽充數，味道差多了。好的酪梨醬只需很簡單的調料突顯酪梨本身的脂香腴滑，所以選對酪梨很重要。一般說來品質最好的酪梨是美國產的 Hass 品種，皮色深紫近黑，凹凸不平，果肉特別綿軟細膩。台灣市場裡比較常見的是東南亞進口的品種，個頭較大，表皮平滑青綠，肉質稍硬，味道微苦，但只要搗成泥並適當調味也很美味。熟成的酪梨用手指捏捏表皮，感覺應軟而不爛。如果還太硬，擺一、兩天再用就好。

　　酪梨一旦切開來很容易氧化變黃，而防止氧化最好的方法就是檸檬汁。檸檬的酸性不但抗氧化，味道跟酪梨也是絕配，其他那些洋蔥、香菜、辣椒……都只是錦上添花而已。最後拌好的酪梨醬，最簡單的吃法就是沾玉米脆片（tortilla chips），也可以塗麵包、夾三明治，或搭配其他肉類海鮮如後面介紹的蟹肉冷盤。

材料

酪梨：2 顆

青檸檬：半顆或 1 顆

番茄：半顆，籽挖掉，切小丁

紫洋蔥末：2 大匙

香菜末：2 大匙

青辣椒末：2 大匙

鹽：1/4~1/2 茶匙

做法

1. 熟成的酪梨沿著經線深深切一圈，然後一手抓一邊，扭轉分成兩半。取出果核，以大湯匙沿著皮邊挖出果肉置於碗盆中，立刻擠入半顆青檸汁，隨後用叉子或杵稍稍搗爛。

2. 洋蔥末、香菜末、辣椒末和番茄丁加入碗盆中，撒上鹽後繼續搗壓拌勻，再依個人口味調整鹽和青檸汁即可。

鷹嘴豆泥

Hummus

　　鷹嘴豆泥是中東、地中海，乃至北非一帶的傳統食物，通常是做口袋餅和炸丸子的沾醬，也可以塗抹三明治、搭配烤魚烤肉等等，近年來已風行世界成為 party 必備，許多西方國家的超市都設專櫃販賣。其實用罐頭豆子做非常簡單快速，雖然有些人堅稱用罐頭豆子做出來的味道遠不及隔夜發泡煮的豆子，但老實說我覺得效果差異很有限。鷹嘴豆本身味道不濃，主要是提供打成泥後綿密的口感，香味來源是芝麻醬和檸檬，提供濃沉的底蘊和鮮明的柑橘香，簡單卻充滿層次感。

材料

鷹嘴豆：1 罐（400 克）

中式芝麻醬或 tahini：1 大匙

大蒜：2~3 瓣

檸檬：1 顆

冷壓初榨橄欖油：2 大匙

鹽：1/4 茶匙（1 克）

匈牙利紅椒粉：少許（可省略）

做法

1 / 蒜瓣放入小鍋中加冷水蓋過，大火煮開後取出（這步驟是為了去除嗆味，如果喜歡生大蒜也可以省略不做）。

2 / 鷹嘴豆瀝乾，過濾出的汁水保留約小半碗（50 毫升），與豆子一起倒入果汁機。隨後加入芝麻醬、橄欖油、鹽，與半顆分量檸檬汁，打成泥狀。品嘗後酌量添加鹽與檸檬汁。

3 / 倒入大碗或深盤中，以鏟子或湯匙背鋪平後，中間稍微壓出凹槽。凹槽內撒上匈牙利紅椒粉，最後再淋一點橄欖油即可。

補充

1 鷹嘴豆又稱雞心豆、三角豆，英文稱為 chickpeas 或 garbanzo beans。

2 芝麻醬在中東與地中海一帶叫做 tahini，由芝麻烘烤後磨成泥製成，與中式芝麻醬非常類似，只不過顏色稍淡，兩者可相互替代使用。我在國外買不到中式芝麻醬時，就常用 tahini 拌麻醬麵，而用中式芝麻醬做鷹嘴豆泥的效果也非常好。此外，有些牌子的非傳統 tahini 用的是生芝麻，上面會註明 raw tahini，味道不對，小心不要買錯了。

香蒜奶油醬

Garlic Butter

　　我很少看到有人不喜歡吃大蒜麵包的，大蒜麵包之所以迷人，主要就是因為上面抹的香蒜奶油醬。這奶油醬很好做，需要的時候隨時調拌一點，也可以一次做一大份。用我下面介紹的方法捲成一長條，冰起來方便使用。不只用來抹麵包，還可以搭配牛排、蔬菜、薯泥……或是像法國人一樣塞進蝸牛殼裡一起烤，流出帶著濃濃蒜香的金黃汁液，難以抗拒啊！

材料

無鹽奶油：2~3 條（200~300 克）

巴西利：1 大把，葉片切碎

檸檬汁：1 茶匙

大蒜：4~5 瓣，切碎

鹽：適量

鋁箔紙：1 大片

做法

1 / 奶油放於室溫軟化，加入巴西利末、蒜末、檸檬汁、少許鹽巴，以叉子攪拌均勻。

2 / 鋁箔紙鋪平，奶油醬倒在中間偏下方。下端鋁箔紙拉起來向前包覆住奶油，然後抓緊開始往上捲到底。左右兩端各用一手抓住，兩手呈反方向扭轉，朝中心壓緊，直到奶油醬變成像香腸一樣的整齊圓柱形。

3 / 捲好的香蒜奶油醬放入冷凍庫約半小時可以定型，之後可繼續冷凍保存 1~2 個月，每次要用就拿出來切 1 塊。

補充

1 切剩的巴西利梗留下熬煮高湯或燉肉，別浪費。巴西利如果買不到的話，用芹菜葉或小蔥代替也無妨，但味道當然不太一樣。

2 市售奶油分為有鹽和無鹽，兩種皆可使用，但調味時鹽的分量必須調整。

3 捲好的奶油也可以冷藏保存，稍微軟一點比較好切，但最好 1 週內用完。

麻辣紅油

Chili Oil

材料

乾辣椒片：2 大匙

花椒粉：1 茶匙

白芝麻：1 茶匙

鹽：1 小撮

蒜頭：1 瓣，拍碎

蔥：1 根

薑：2 小片

植物油如菜籽油或葵花油：半碗

做法

乾辣椒片、花椒粉、白芝麻和鹽放入碗中。油以中火加熱，加入蔥、薑、蒜慢炸約 5 分鐘至水分抽乾，香味溢出，熄火稍微降溫後把蔥薑蒜撈出。油倒入混合材料碗中，之前炸酥的大蒜也可以剁碎放入，全部調勻，靜置入味即可。

補充

紅油辣度取決於辣椒本身的辣度，用量可依個人口味斟酌。如果希望顏色更紅、味道更濃，可以在炸蔥薑蒜的同時也炒香一匙辣豆瓣醬，如此碗裡乾料的鹽則可省略。製作好的紅油拿來拌麵、做菜、當沾料皆可，剩餘的請放入冰箱冷藏，最好 1 週內用完。

沙拉與涼拌
的黃金比例

　　西式的沙拉和中式的涼拌其實差不多是同一回事，口感都偏近爽脆，調味皆偏近酸香。兩者都以蔬菜為主，但其實肉類海鮮、麵條冬粉、五穀雜糧等食材都可以涼拌，變成 seafood salad、pasta salad、grain salad……重點是食材要新鮮，搭配一道爽口開胃的醬汁。

　　食材應用上，西式沙拉的蔬菜多半生食，最常見的是各色生菜，如蘿蔓葉（romaine）、芝麻葉（arugula 或 rocket）、西洋菜（watercress）、還有顏色型態各異的多種萵苣（lettuce）等等……以前生菜葉大多仰賴進口，近年來國內越來越多農場開始培植西式生菜和各種宜生食的細幼菜苗，水耕栽作乾淨無毒，價格也愈發親民。與其買已經洗好的進口盒裝散葉沙拉，我喜歡自己選幾株完整連莖的生菜，回家剝成合適的大小，涼水沖一沖再用沙拉脫水器瀝乾，清脆新鮮又省錢。

　　除了生菜葉之外，許多瓜果根莖也都適合生食，最常見的如番茄、小黃瓜、芹菜、青椒、酪梨，或是水果如蘋果、橙橘、桃子、李子。有些國人不習慣生食的蔬菜，如胡蘿蔔、櫻桃蘿蔔、櫛瓜和蘑菇，只要削成非常細的薄片，涼拌生食也非常可口。當然如果不想吃生的，或是的確不適合生食，蔬菜如果先燙過、炒過或烤過再放涼，都可以拌入沙拉。如果喜歡的話，再加乳酪、堅果、薄牛排、手撕雞、火腿或蝦仁……都行，一碗豐富繽紛吃到飽！

　　有別於西式沙拉，中式涼拌通常多了鹽漬的步驟。鹽漬特別適用於鮮脆且含水量多的瓜果根莖類蔬菜，如黃瓜、蘿蔔、萵苣筍、大頭菜。切好的瓜果蘿蔔均勻撒上鹽，抓一抓，嚐嚐鹹度是否可口（寧可稍微鹹一點，不要太淡），然後靜置 20 分鐘，把滲出的汁水倒掉再嚐嚐，生澀的味道應已去除，鹹味也已透入核心。這時再以油、醋、辛香料調味，一道爽口又入味的涼拌菜就完成了。

無論沙拉還是中式涼拌菜，調味醬汁不可或缺的三元素都是：鹹、酸、油。鹹味多半來自鹽、醬油、味噌、魚露、醃漬物（如鯷魚、酸豆、紫蘇梅）；酸味可以來自醋（白醋、陳醋、果醋、紅酒醋……）或檸檬柑橘汁；而油則最好帶有獨特香氣，如麻油、辣油、花椒油、橄欖油等等，或是利用鮮奶油、無糖優酪乳，甚至蛋黃裡天然的脂肪成分。為什麼一定需要脂肪呢？一來借用油脂本身的香氣，二來有助人體吸收蔬菜裡脂溶性的營養成分，三來油脂能適度乳化鹹酸調料，使醬汁更均勻的附著於食材上，色澤也更顯晶亮。

　　西式最常見的油醋沙拉醬一般採用「醋：油＝1：3」比例，另外再加一點鹽和黑胡椒，倒在碗裡用叉子攪拌均勻就可以了。如果想要多一點味道，可以再加一點蒜泥或切碎的洋蔥，一點法式芥末，也可以加幾滴蜂蜜和自己喜歡的香料。但其實最陽春的油醋汁搭配生菜蔬果就已經很美味了，你看在義大利一般餐廳裡的生菜沙拉是沒有醬汁的，全靠客人當場用桌上的橄欖油、紅酒醋、鹽和胡椒自行調配油醋汁，就這麼簡單經典，卻百吃不厭。原則上，味道越辛、澀、苦的蔬菜，宜搭配的沙拉醬口味也就越重，如果是清脆幼嫩的萵苣葉，一點鹽配幾滴油和檸檬汁就可以了。

　　至於中式涼拌汁，我通常喜歡綜合使用白醋和陳醋，因為白醋較酸，陳醋較香；鹹味的部分，要不就鹽漬，要不就使用與醋等量的醬油；「油」我最常用的有麻油、青花椒油和自製辣油，用量大約是醋和醬油的1~2倍。除此之外另可加辛香調料如蒜泥、薑泥、蔥花、豆腐乳、芝麻醬等等，基本上跟火鍋沾料差不多，很隨性。

　　最後進行「拌」的動作時，千萬不要一股腦的把醬汁全部倒入，而是酌量為之，不夠再添加。拌醬入菜最好的工具就是我們的雙手十指，如此可以很清楚地感受到哪裡沒有拌勻，而且指尖輕輕挑撥就能讓菜葉顯得蓬鬆。一般的涼拌菜都可以事先拌好入味，但生菜沙拉一定要等到上桌前一刻再拌，或是生菜和醬汁分別上桌請客人自己拌，以確保菜葉的鮮脆。

　　只要掌握好基本準則，幾乎什麼食材都可以涼拌，這樣不只口味清爽，酸性成分也防止細菌增生，最適合炎炎夏日和公園野餐。請客人多的時候我喜歡多準備幾道沙拉和涼菜，這樣就不用在客人面前焦頭爛額的拚命炒熱菜啦！

油醋醬

Basic Vinagrette

材料

鹽：少許

黑胡椒：少許

小紅蔥：半顆，切碎

紅酒醋：1 大匙

冷壓初榨橄欖油：3 大匙

法式芥茉醬：1 茶匙

做法

碗裡加入全部材料，用湯匙快速攪均勻拌即可。

補充

　　紅酒醋種類很多，一般在國內超市最常見的是義大利的巴薩米克醋（義文：Aceto Balsamico di Modena，英文：Balsamic vinegar），顏色暗紫、質地濃，口味偏甜。拌沙拉選擇中低價位即可。有些小瓶裝價格極高昂的巴薩米克醋是傳統古法製造，在木桶裡陳年發酵並揮發水分，最後質地如糖漿一般，適合少量使用搭配肉和魚，拌沙拉醬就可惜了。

　　我個人比較喜歡的紅酒醋種類是西班牙的雪莉醋（西文：Vinagre de Jerez，英文：Sherry vinegar），也是木桶日曬蒸發出來的，顏色暗紫帶褐，香味近似中式陳醋，不帶甜味，只可惜國內不太容易買到。

　　也有最普通的紅酒醋（red wine vinegar），由葡萄酒短期發酵而成，顏色是較淡的紫紅，質地清，味酸但香氣不突出，拌油醋醬也很合適。另外還有白酒醋、香檳醋、西式果醋如覆盆子醋、番石榴醋等等，都可以依個人喜好選用來調配油醋醬，為沙拉帶來不同的風味。

和風沙拉醬

Ginger Miso Dressing

材料

白味噌：1 茶匙

醬油：1 茶匙

白米醋：1 大匙

沙拉油：1 大匙

麻油：1 大匙

生薑泥：1 茶匙

洋蔥泥：1 茶匙

做法

味噌用醬油和白米醋先調開，再加入沙拉油、麻油、生薑泥和洋蔥泥一起拌勻即可。

如何烤堅果

　　所有堅果類食材（花生、杏仁、核桃、腰果……）經過烘烤後香氣和風味都會提升，口感也比較脆。中式傳統做法通常是用油鍋炒，適合較少的分量，否則必須不斷炒拌，有點費工夫，改用烤箱則方便許多。

　　我通常喜歡在生堅果上倒幾滴油拌勻，也可以撒一點鹽和喜歡的香料粉，然後平鋪於烤盤上，放入 180℃ 預熱好的烤箱約 8~12 分鐘，中途拿出來搖晃一下以確保受熱均勻。堅果烤至色澤金黃，香氣四溢就是好了。由於從金黃到燒焦往往只差 1 分鐘，過程中必須隨時注意。

　　烤好的堅果立刻倒入另一個盤子以免被烤盤餘熱燒焦，放涼後裝入瓶罐於室溫保存幾週應沒有問題，但不宜過度久存以免起耗味。

櫛瓜緞帶沙拉

Zucchini Ribbon Salad

很多平日習慣熟食的根莖類蔬菜如紅白蘿蔔和櫛瓜，只要切得很細薄就適合生食。我把櫛瓜用削皮刀削成長條緞帶，口感非常鮮脆，帶有炒過的櫛瓜所沒有的微微辛辣。我喜歡用櫛瓜緞帶搭配其他深淺不一的綠色蔬菜，如生菜葉，或燙熟的蔬菜如四季豆、蘆筍、豌豆、蠶豆，也可再加一些香草嫩葉，如香菜、薄荷、蒔蘿、茴香，全部清簡調味，越能突顯綠色時蔬的新鮮脆嫩。

材料

櫛瓜：1~2 條

鹽：適量

黑胡椒：適量

檸檬：1 顆

冷壓初榨橄欖油：適量

做法

1 / 櫛瓜洗淨擦乾，用削皮刀刮下約 1~2 公分寬的長條。除了第 1 條全是綠皮之外，接下來每 1 條都盡量刮出 1 個深綠的細邊配淺綠的瓜肉。下刀動作越快，緞帶越平滑均勻。繞圈圈持續刮至中心有籽的部分即可停止。

2 / 加入適量的鹽、胡椒、檸檬汁與橄欖油調味，用手抓鬆拌勻，堆於盤中即可。

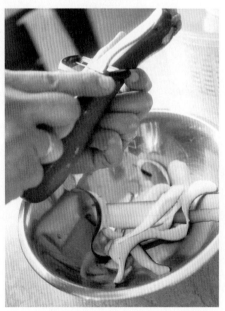

補充

1 削緞帶剩下的櫛瓜中心部位可加入水果榨汁或煮湯，不要浪費。

2 如果買不到櫛瓜的話，用小黃瓜代替也可以。

番茄羅勒瑪茲瑞拉沙拉

Caprese

　　這是一道非常經典的義式沙拉：紅番茄、白乳酪、綠羅勒，剛好是義大利國旗的顏色，味道也是絕配。其中瑪茲瑞拉（Mozzarella）乳酪源自義大利南部，傳統上是用水牛乳做成，但現在除非包裝上指名 Mozzarella di Bufala，一般都是用普通牛奶做的。瑪茲瑞拉分低含水和高含水的，所謂低含水的瑪茲瑞拉就是一般 pizza 用的乳酪。而這道菜裡需要的則是高含水新鮮瑪茲瑞拉，通常做好一天就上市，泡在鹽水裡至多可冷藏 1 週。「番茄」務必選用大紅熟成的，而且一定要在每片上均勻撒點鹽，帶出番茄本身富含的鮮味。我以前不愛吃生番茄，但後來發現撒了鹽如此不同，從此沒事就會切一個番茄來吃！

材料（2~4 人份）

大番茄：1~2 顆

瑪茲瑞拉乳酪：1 大塊

羅勒：1 小把，撕碎

鹽：少許

黑胡椒：少許

冷壓初榨橄欖油：1 大匙

巴薩米克醋：1 茶匙

做法

1 / 番茄沿著緯線切成約半公分片狀，瑪茲瑞拉乳酪切薄片。

2 / 每 1 片番茄上都均勻撒一點鹽巴，與瑪茲瑞拉乳酪交互疊放，撒胡椒和撕碎的新鮮羅勒。

3 / 淋上冷壓初榨橄欖油及巴薩米克醋即可上桌。

若採用非傳統的做法，把乳酪撕成小塊配上切丁的各色番茄，口感賣相也很好。

補充

要想切成均勻漂亮的番茄薄片，最好用鋸齒狀的刀，或是大刀必須磨得非常鋒利。

橙橘沙拉

Citrus Salad

　　這裡主要介紹兩種切橙橘的方法。你可能會說，橙橘直接切片或剝皮就好了，哪裡需要特別切法？我卻認為有時為了讓飲食帶來一些新意，稍微花點工夫是值得的，況且這一點也不麻煩，在朋友面前表演一下還很炫，最後吃起來沒有粗硬纖維也比較舒服，何樂而不為？

材料

香吉士柳橙：2顆

葡萄柚：1顆

沙拉葉：1把

香草（如羅勒、巴西利）：少許，切碎

油醋醬：約1大匙（做法見56頁）

做法

1 / 先將蒂頭與另一端果皮切除至見果肉，平穩擺正於砧板上，用大刀沿著橙身將果皮逐一切除，下刀可以狠一點，必須不留表層白莖纖維，只剩整顆圓形果肉。接下來有兩種切法：

切法 A：沿著橙身白色纖維的兩邊下刀，片下果肉。

切法 B：將橙身橫擺切成圓型片狀。如果切下來的圓形太大片，再分切小塊即可。

2 / 最後搭配沙拉葉或香草葉，淋少許油醋醬，依喜好撒堅果、橄欖增添風味即可。

鮮蝦葡萄柚酪梨沙拉

Prawn, Grapefruit & Avocado Salad

　　這道菜靈感源自泰北的柚子沙拉，只不過柚子換成粉紅葡萄柚，蝦米換成鮮蝦，另加了酪梨增添口感層次。葡萄柚汁液提供了酸性元素，與魚露調拌成醬汁，鮮香清爽又防止酪梨氧化，粉紅和嫩綠搭配起來是不是也很有春天氣息？

材料

鮮蝦：約 200 克，剝殼去腸泥

大蒜：2 瓣，切末

鹽：適量

白胡椒：適量

粉紅肉葡萄柚：1 顆

酪梨：1 顆

魚露：2 茶匙

橄欖油：2 茶匙

大紅辣椒：1 根，切末

薄荷葉：1 小把，稍微撕碎

羅勒葉：1 小把，稍微撕碎

做法

1　中大火起油鍋爆香蒜末，加入蝦仁、鹽和胡椒，拌炒至蝦仁變色捲曲即起鍋。

2　葡萄柚去皮去莖切片（方法請見前頁「橙橘沙拉」）。柚皮和莖上殘餘的果肉擠出約 2 大匙葡萄柚汁，與魚露、橄欖油、辣椒末拌勻。

3　酪梨去皮去核切片（方法請見 47 頁「墨西哥式酪梨醬」），立刻淋上一半葡萄柚魚露汁以防治氧化變色。

4　大碗中拌勻蝦仁、葡萄柚切片、酪梨切片、薄荷、羅勒。盛盤後淋上剩下的葡萄柚魚露汁即可。

補充 ────────────────────────

如果想要口味更泰式一點，最後也可以添加一點油蔥酥和碎花生。

章魚沙拉

Octopus Salad

　　記得以前廚藝學校的老師叮囑過：「烹調章魚要不 2 分鐘，要不 2 小時，不快不慢就只能吃橡皮。」依我個人經驗，小章魚可以大火快炒，但大章魚一定要慢燉，通常燉 1 個多小時，之後再煎、炒、烤、拌都行。由於大章魚體型碩大，建議跟魚販買幾條腳就可以了，否則回家清洗也不容易。另外冷凍的章魚也很好用，因為低溫已破壞肌肉組織，燉煮起來更容易爛，只是務必記得在冷藏下慢慢解凍。這裡示範很地中海式的做法，清爽開胃又下酒。

材料

章魚腳：2 條（約 300g）

白葡萄酒：半碗

洋蔥：半顆，切塊

大蒜：2 瓣，拍碎

小黃瓜：2 條，切丁

小番茄：1 把，切半

巴西利：1 把，切碎

鹽：適量

黑胡椒：適量

檸檬：1 顆

橄欖油：2 大匙

做法

1 / 小湯鍋裡加 4 碗水、白葡萄酒、洋蔥和大蒜，煮開。章魚腳洗淨放入湯鍋，撒 1 大撮鹽，小火慢燉約 1 小時至 90 分鐘，直到筷子可以輕易戳進章魚肉最厚的部分。

2 / 燉好的章魚取出放涼或立刻冰鎮。如果不喜歡深紫滑溜的皮，可以慢慢搓掉，但其實那是飽滿的膠質，保留比較好。

3 / 章魚腳切丁，與番茄和小黃瓜一起擺入大碗，加一大撮鹽、黑胡椒和橄欖油拌勻，檸檬汁先擠半顆，品嚐不夠再加，同時調整鹹度。臨上桌撒巴西利末拌勻盛盤即可。

涼拌萵苣筍

Pickled Chinese Lettuce Stems

　　有一回在香港上餐廳吃飯，看到菜單上寫著「油麥菜」，一時好奇問跑堂大叔是什麼來著。見多識廣的大叔說：「你吃過上海人的萵苣筍嗎？那就是油麥菜的莖。同一種菜，上海人吃莖，香港人吃葉。」點上桌來我呆了一晌，這……不就是台灣人所謂的 A 菜嗎？那股聞之頭暈的濃郁菜香非常獨特，我以前一直以為專屬台灣所有，卻沒想到 A 菜竟然就是萵苣葉，還是西式生菜的近親！

　　說來萵苣筍的香味雖不及其菜葉，清新卻大有過之。名之為「筍」，就是取其如春筍一般的爽、脆、嫩。萵苣筍在食用前要削皮，直到看不見粗硬的纖維為止（有些品種的莖幹會滲出乳白色汁液，據說那很營養，毋須驚慌）。削了皮的萵苣筍像上好的玉石一般，通透翠綠，光滑晶瑩，食用時在齒尖略顯韌性，咬之清脆有聲，喉頭一股清香。它與小黃瓜一般爽口，卻因無籽，質地更為細緻。此菜春秋吃常溫，夏天宜冰鎮，做開胃小菜或搭配清粥都好，擺在白瓷碟或青花盤上最顯光華。

材料

萵苣筍：1 根

鹽：約 1/2 茶匙（2.5 克）

蒜末或薑末：少許

辣椒：1 根，切斜段

白醋：1 大匙

麻油：1 茶匙

做法

1 / 萵苣筍削皮，橫擺於砧板上切滾刀塊（如圖示）：從邊角先斜斜下刀，接著一手朝自身滾動萵苣，直到切面朝上，然後從切面一半之處再斜刀切下 1 塊。如此反覆滾動下刀，即可切出大小均勻但形狀不規則的尖角滾刀塊。

2 / 切好塊的萵苣筍放在碗裡，撒鹽抓勻，靜置約 20 分鐘直到出水。水分瀝乾後調整鹽量，拌入少許薑末或蒜末，辣椒、白醋，幾滴麻油即可。

補充

同樣的做法也適合醃小黃瓜，看個頭調整，1 盤約需 2、3 根。小黃瓜不需削皮也不必拍鬆，撒鹽出水後自然入味，若喜歡微甜可以加少許砂糖。

涼拌胡蘿蔔絲

Spicy Shredded Carrot Salad

　　這道菜是跟我的「月嫂」小張阿姨學的。小張可以在幾分鐘內把整根蘿蔔變成一窩整齊的細絲，來我家探望寶寶的朋友看了都忍不住問：「這是人手切出來的嗎？」受到她的感召，我等兒子一滿月就開始練刀工，越切越上手，頗有成就感。從此我常做這道菜，一來是鍛鍊自己，二來是真心愛吃。鹽漬過的胡蘿蔔絲沒有生澀的土腥味，口感仍爽脆，配上酸辣調料非常開胃，而且 1 根蘿蔔變出 1 盤菜，特別適合那種冰箱裡缺少新鮮蔬菜的日子。

材料

中型胡蘿蔔：1~2 根

鹽：適量

白醋：1 大匙

紅油：1 大匙（見 53 頁）

香菜：1 小把，切碎

碎花生：適量（見 57 頁「如何
烤堅果」）

做法

1 / 胡蘿蔔削皮，斜斜先切成不到半公分厚的薄片，如圖示疊放平鋪
　　成一橫排，像展開的撲克牌一樣，再切成細絲。

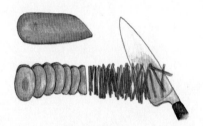

2 / 大方的撒把鹽拌勻，靜置約 20 分鐘，以廚房紙巾稍微吸乾滲出
　　的水分。這時如果覺得太鹹，可以沖飲用冷水再瀝乾，如果不夠
　　鹹則再加點鹽。

3 / 淋上紅油、白醋與部分香菜，拌勻後盛盤，最後再鋪 1 把香菜、
　　碎花生即可。

補充

鹽漬後的胡蘿蔔絲可以隨性更換調味，比如紅油換成麻油、花椒油，或者添加一點孜然或五香粉。有時我做成摩洛哥風味，加入用橄欖油炒香的薑黃、荳蔻、芫荽籽等香料，再拌一些醋和柳橙汁，香菜換成薄荷，花生換成杏仁或榛子，別有一番風味。

涼拌藕片

Lotus Root Salad

　　這道菜與前面的「涼拌胡蘿蔔絲」一樣，也是跟月嫂小張學的，調料都一樣，只不過換成蓮藕。小張是嫁到湖北的四川人，這道菜結合了湖北盛產的蓮藕與她娘家的麻辣鮮香，切薄片又是她的專長，所以成了她的招牌菜。小張告訴我，粗大的蓮藕口感軟糯，適合燉肉煮湯；而細小的蓮藕口感清脆，適合涼拌和快炒。藕片獨特的孔洞造型與紫灰色澤在蔬食裡獨一無二，風雅卻不矜貴，我認為比那出淤泥而不染的蓮花還更勝一籌呢！

材料

小蓮藕：1 節

鹽：適量

白醋：約 1 大匙

紅油：約 1 大匙（見 53 頁）

香菜：1 小把，切碎

做法

1 / 蓮藕削皮，切薄片。
　　（下刀盡量保持垂直，否則容易切得一邊薄一邊厚。）

2 / 煮一鍋水，加 1 把鹽，藕片放入燙 2 分鐘，斷生即可。

3 / 取出瀝乾，放涼或浸泡冰水，加白醋、紅油與適量的鹽拌勻，最後撒把香菜末即可。

涼拌白菜心

Chinese Cabbage & Tofu Slaw

　　小時候爸爸不准我和姊姊開火做菜，因為怕小孩子反應力不夠，一不小心把房子給燒掉了。為此，媽媽做菜的時候，我除了幫忙淘米洗菜，最常負責的就是涼拌。這道十足北方風味的涼拌白菜心就是當年媽媽教我的。利用大白菜原本粗硬不討喜的莖梗，切成細絲冰鎮，涼拌起來鮮脆爽口，化腐朽為神奇。以前在台北許多外省老飯館裡，如果點了許多大魚大肉，最後老闆就會送一道涼拌白菜心，想來就是因為它特別去油解膩，而且食材便宜不虧本吧！

材料

大白菜：約 1/4 顆

蔥：1 根，切絲

豆乾：2 塊，汆燙、切絲

紅辣椒：1 根，去籽、切絲

香菜：1 小把，切碎

脆花生：1 小把 （見 57 頁「如何烤堅果」）

鹽：1/4 茶匙（1 克）

白醋：1 大匙

麻油：1 大匙

做法

1 / 取大白菜表層莖梗粗厚的葉片約 7、8 片，嫩葉剔除另做它途，莖部洗淨切細絲，與蔥絲一起浸泡於冰水裡約半小時，如此使白菜梗更脆，蔥絲捲曲不嗆口。

2 / 泡好的白菜梗和蔥絲瀝乾水分，與其他材料拌勻即可。

補充 ———

摘下來的白菜嫩葉可以清炒，我喜歡加一點醬油和日式鰹魚高湯，慢慢滷至軟，馬上又多了一道菜！

正宗與創新

有一回我印尼家裡的阿姨煮了一鍋竹筍咖哩，新鮮的竹筍切薄片，用椰漿、香茅、薑黃、南薑、紅蔥等慣有的東南亞香料煮香煮濃。這是我第一次看到竹筍燉咖哩，好奇問阿姨這是哪兒來的做法，她說：「我不知道別的地方怎麼樣，但我們爪哇中部人都是這樣燒竹筍的。」

我想，吃了一輩子竹筍炒肉絲、竹筍燒肉、筍片排骨湯……的中華兒女恐怕永遠不會考慮把竹筍和咖哩這兩種東西混在一起，甚至覺得這是不搭嘎的組合吧！這讓我想到以前住上海時，我媽教我做的獅子頭燉大白菜被一些人看作是離經叛道（「獅子頭是不能加菜的！」），而炒年糕加雪菜、毛豆和筍片也被評作不倫不類（「年糕要不就炒薺菜，要不就炒黃芽菜肉絲！」）。每次遇到有人理直氣壯的談「正宗」「只可以這樣」「一定不能那樣」……我總覺得很累、很無奈。規矩本來就是人定的，一樣米養百種人，肯定也有百種吃法，何必那麼執著？如果做出來的菜合胃口，即便程序跟你媽媽你奶奶的經典做法不一樣又怎樣？一道平常只炒薑絲的牛肉片，姑娘我今天想加一點蒜片進去，又有什麼大不了呢？

不同的習俗看多了，天南地北的口味嘗試過了，心頭的質疑和禁忌自然就少了點。你說湯怎麼能喝冷的？西班牙人的 gazpacho 番茄湯偏偏就是要喝冷的。你說巧克力怎麼能吃鹹的？墨西哥人傳統的 mole 醬偏偏就是用巧克力加各種香料和辣椒燉煮拿來搭配肉食的；再說他們大紅豆也煮鹹的，還覺得我們的紅豆甜湯和豆沙餡有點奇怪呢！

其實做菜創新是不能避免的事，畢竟人在動，物在動，世界一直在轉動。想想十五世紀以前，也就是美洲大陸的原生作物傳到世界各地之前，義大利菜沒有番茄，川菜沒有辣椒，咖哩沒有馬鈴薯……第一個願意嘗試使用新食材的先鋒造福了後代子孫，反之如果人人都堅持沿襲老祖母做菜的方

式，拒絕新的搭配組合，那麼離家討生活的移民移工不都要餓死了嗎！所謂「昨日的流行是今日的古典」，今日的靈機一動和就地取材也可以成就明日的經典招牌。

我常覺得如果大家都踏出去嘗試各種不同的菜，不只味覺會變得更發達，享樂更多元，成見也會日益減少，進而開放更多想像和創造的空間。飲食如此，做人亦如是。

蟹肉酪梨冷盤

Crab & Avocado Salad

　　當初拍這道菜的視頻時，我們一家正準備從上海搬到華盛頓，行李全已打包運走，家裡空空如也，只剩下一些運不走的新鮮食材和幾個借來的鍋碗瓢盆。我心想除了跟大家告別，也趁這個機會示範在最簡陋的狀況下可以做什麼菜，而且要求不只是果腹而已，還要擺得漂亮。我用開罐器把用過的空罐頭底部切開，使上下貫通，擺在盤子上就成了所謂的「stacking ring」，可以用來疊放堆高食物，然後以嫩綠的酪梨醬塞入墊底，瑩白的蟹肉鋪於其上，空罐頭一拉，voilà！一道有餐館賣相的前菜就出現了。環境再簡陋也要好好的過日子，不是嗎？

材料（4 人份）

蟹肉罐頭：1 罐（120 克）

蔥花：1 大匙

香菜末：1 大匙

大番茄：1 顆，切小丁

美乃滋：1 大匙

檸檬：1 顆

鹽：適量

新鮮辣椒末或辣椒粉：適量

黑胡椒：適量

酪梨：1 顆

醬油：1 大匙

橄欖油：1 大匙

做法

1 / 蟹肉倒入碗盆中，瀝掉多餘水分，用手撥鬆，順便檢查是否有蟹殼殘留。加入蔥末、香菜末、番茄丁、少許檸檬汁、美乃滋、辣椒，與適量的鹽和胡椒拌勻（切勿拌太久、太用力，以免蟹肉變得太碎）。

2 / 酪梨去皮去籽搗成泥狀，加入約 1 大匙的檸檬搾汁和適量的鹽拌勻（酪梨如何去皮請參考 47 頁「墨西哥式酪梨醬」）。

3 / 空罐頭底部以開罐器切開，上下貫通，置於盤中。先填入酪梨醬，再填入蟹肉沙拉，稍微壓緊，慢慢移開空罐頭。

4 / 再擠一點檸檬汁，與醬油和橄欖油調勻成醬料，淋在盤子四周，再撒點辣椒即可。

補充

美乃滋的作用是提供油脂的潤滑感並防止蟹肉鬆散，可以用橄欖油替代，但堆砌時小心散開。

番茄青醬杯子優格

Tomato & Pesto Yogurt Verrine

　　有一天早上我打開冰箱，看見前一天吃剩的羅勒青醬和半盒原味無糖優格，突發奇想把兩者混在一起，正好家裡也有番茄、南瓜籽和苜蓿芽，意外成就了一道很好吃的鹹味早餐優格。由於綠白紅三色對比特別好看，我把它們層疊擺放在小玻璃杯裡，做成法式 verrine = verre（杯子）+ terrine（凍派或肉醬）。吃的時候湯匙從杯底挖上來，層層滋味一次入口，愉快面對新的一天。

材料

羅勒青醬：1 大匙

（做法請參考 43 頁。）

原味無糖優格：3 大匙

小番茄：2~3 顆，切半

南瓜籽：1 茶匙

苜蓿芽或豌豆纓：少許

鹽：少許

橄欖油：1 茶匙

小型玻璃杯：1 個

做法

玻璃杯裡依序倒入羅勒青醬和優格，小番茄加少許鹽平鋪其上，撒南瓜籽，堆幾株苜蓿芽或豌豆纓，淋少許橄欖油即可。

補充

疊放食物於玻璃杯內的 verrine 概念用途很廣，許多濃湯和醬料都可以用這種方式呈現，比方前面介紹過的「蟹肉酪梨冷盤」也適合這麼做。早餐優格如果想吃甜的，也可以用果醬或蜂蜜代替青醬墊底，草莓或香蕉等水果代替番茄，最後再撒一把早餐即食穀片（cereal、granola、muesli 等等），如脆香米和堅果燕麥，吃起來很有層次感，而且營養又賞心悅目。

酥烤鑲蘑菇

Baked Stuffed Mushrooms

　　中式的鑲蔬菜通常使用絞肉或魚漿做餡料，然後用蒸的，成品口感偏扎實。這裡我改用調了味的粗麵包粉鑲嵌蘑菇，烤出來酥鬆焦脆，一口一個很適合開 party ！

材料（4 人份）

蘑菇：12 朵

粗麵包粉：3 大匙

刨細絲的帕瑪森乳酪：3 大匙

巴西利：1 小把，切碎

蒜：1~2 瓣，切碎

鹽：1/4 茶匙（1 克）

黑胡椒：少許

檸檬皮：1 茶匙，刨碎屑

檸檬汁：1 大匙

法式芥末醬：少許

橄欖油：2 大匙

做法

1　烤箱預熱 180℃ 。

2　調製餡料：除蘑菇以外所有材料放入碗中拌勻。

3　蘑菇洗淨擦乾，莖拔掉。烤盤鋪鋁箔紙，上面薄薄抹一層油以防止沾黏。準備好的蘑菇放在鋁箔紙上，凹面朝上。

4　將餡料鬆鬆的塞入蘑菇凹洞直到稍微隆起，切勿用力擠壓。

5　放入烤箱烘烤 10~15 分鐘直到餡料表面金黃，取出盛盤。

補充

1 麵包粉可以自己做，用家裡吃剩的麵包，切塊放進食物處理機或咖啡研磨器裡打成粗粒狀。如果買市售的，最好用日式麵包粉（panko），粗粗的才能做出酥脆口感。

2 蘑菇莖也可以切碎加入餡料裡，但為了避免烘烤時出太多水而影響酥脆度，最好先炒一下讓水分揮發掉再用。

3 乳酪種類不宜隨便替換，因為水分含量較高的乳酪（如常見的 Mozzarella 和 Cheddar）會影響餡料質地，變得黏軟而不酥鬆。

4 巴西利主要是增添一點綠意，不太吃得出味道，所以如果買不到可用香菜、芹菜葉，或甚至蔥花替代。

培根蘆筍卷

Bacon-wrapped Asparagus

這道小點簡單又討喜，很多平日不願意吃蘆筍的小朋友看到了都會抓起來吃。再說粉紅配嫩綠，一上桌立刻成為焦點！

材料

薄切培根：6 片

蘆筍：18 根

鹽：少許

黑胡椒：少許

橄欖油：適量

做法

1 / 烤箱預熱 180℃ 。

2 / 蘆筍尾端約 1/3 段粗硬的根部折掉不用。如果仍粗，最好也將剩下中下段的外皮刮除。

3 / 盤子裡淋一點橄欖油，蘆筍放入其中滾幾下，沾裹上橄欖油以便烘烤。撒鹽和胡椒調味。

4 / 調好味的蘆筍以 3 根為單位成 1 束，放在 1 片培根上靠邊，蘆筍上方露出一節筍尖，然後緊緊向下包捲起來。

5 / 捲好的蘆筍用牙籤固定，放在鋪了鋁箔紙的烤盤上，撒點黑胡椒。

6 / 放入預熱好的烤箱烘烤約 10 分鐘，直到表面焦香，滴出一些油脂即可。

補充

培根可用義式 prosciutto 火腿替代。如果蘆筍比較粗，3 根不好包的話，1 片培根包 1 根蘆筍也很好。

西式玉米烙

Corn Fritters

夏季盛產玉米，鮮甜的玉米又大又便宜，除了整根水煮火烤、炒菜燒湯，我也喜歡做成玉米煎餅，類似大陸常見的玉米烙甜點，但是吃鹹的。加蔥花、香菜、辣椒，算是美國西南地區的做法，但絕對適合華人口味，而且老少咸宜。

材料

玉米：2~3 根

中筋麵粉：1 杯（140 克）

泡打粉：1/2 茶匙（2 克）

鹽：1/4 茶匙（1 克）

牛奶：半杯（120 毫升）

雞蛋：1 顆

青蔥：1 小把，切碎

香菜：1 小把，切碎

辣椒：1 根，去籽切末

胡椒：少許

油：約 3 大匙

做法

1 / 玉米剝除外皮與鬚莖，洗淨，切掉根部蒂頭使其能平穩直立於砧板，握緊後用菜刀從上往下削掉玉米粒，裝入碗中。最後再用刀背刮一刮玉米梗，把殘餘的玉米粒連同些許汁液一起刮入碗裡。

2 / 中筋麵粉倒入碗盆，加泡打粉、鹽、牛奶、雞蛋，稍微攪拌後（不要過度攪拌以免起筋變硬）倒入玉米粒拌勻。再加入蔥末、香菜末、辣椒末與少許胡椒，拌勻。

3 / 平底鍋以中大火預熱，倒入能蓋滿底部的油。等油熱了現出波紋，用湯勺取玉米麵糊，逐一倒入油鍋略呈圓形，稍微壓平。煎2 分鐘左右直到底面金黃，翻面再煎 1~2 分鐘至金黃即可。

補充

1 如果沒有新鮮玉米，用罐頭玉米代替也可以，水分要瀝乾。

2 可以用清水或罐頭玉米水代替牛奶調麵糊。

3 除了玉米之外，大部分蔬菜只要切碎或刨成細絲，如胡蘿蔔、櫛瓜、高麗菜，都可以加入這麵糊做成蔬菜煎餅，一舉讓小朋友吃掉很多蔬菜！

觸類旁通的多種高湯

A. 牛骨高湯的蔬菜配料一樣，若希望顏色深一點呈琥珀色，可先將牛骨和蔬菜放入 200℃　烤箱烤約 30
分鐘至焦黃。烤盤底部加水煮開，用木鏟刮起焦化黏著的肉渣，連同骨頭、蔬菜入鍋燉煮。

B. 魚高湯使用魚頭魚骨和同樣蔬菜配料，可加點白葡萄酒。

C. 蔬菜高湯使用同樣蔬菜配料，用量加倍即可。

雞高湯

Chicken Stock

　　這個年頭很少有人在家熬高湯，主要因為用鮮雞粉或市售高湯實在太方便了，連我自己都偶爾偷懶、走捷徑。其實我不認為加雞粉牽扯到什麼道德或健康問題，但它確實不能完全代替高湯。真正的高湯不只能為菜餚增鮮提味，湯裡的水解膠質越煮越濃稠，能為湯品和醬料增加豐厚度，不像市售高湯和雞粉調出來的湯那樣永遠稀稀的。此外自己做的高湯可以控制鹽分，搭配其他調料不怕一不小心就太鹹。為此我總是定期煮一大鍋高湯，分裝冷凍起來慢慢用，是做菜一大利器。

　　如果常吃雞肉，我建議與其買切好的雞腿雞胸，不如買全雞，請肉販代勞或自己回家切塊，把雞背骨取下來（參考151頁「蝴蝶烤雞」的開背法），連同雞脖子和爪子一起裝袋冷凍，存放至 2~3 副就可以煮一鍋高湯。當然，如果專門買膠質含量高的雞翅膀和雞爪熬湯也很方便。傳統上法式大廚們認為萬用的高湯是小牛骨熬的湯，因為膠質高但味道不重，搭配什麼肉類都不突兀。但由於小牛骨得之不易，現在大部分餐廳都是用雞高湯作為萬用湯底，而且雞湯裡的蔬菜調味很溫和中性，甚至可以跨菜系使用，比如加一點蔥薑就適合中菜，加一點南薑香茅就可以做泰國菜，非常靈活百搭。

材料

雞背骨：1 隻

雞脖子：1 隻

雞爪：1 副

雞翅膀：8 副

洋蔥：1 顆，切塊

胡蘿蔔：1 根，切塊

芹菜：1 根，切塊

大蒜：1~2 瓣，拍裂

香草束：1 把

（巴西利 1 把、百里香幾枝、月桂葉 1 片，可以用乾香草代替。）

冷水：以蓋過肉為主

鹽：少許

做法

1 / 雞骨和雞翅洗淨放入燉鍋，加入冷水蓋過，開火煮至沸騰。

2 / 水滾後轉小火，撈除水面雜質浮末。

3 / 放入蔬菜與香草束，大火煮開（若有浮末再撇除），轉小火燉煮約 40 分鐘，加少許鹽提味（也可以不加），最後過濾湯料即成高湯，放涼後可冷凍保存。

補充

1 洋蔥、胡蘿蔔、芹菜為法式高湯必備蔬菜，有人比喻為神聖的三位一體組合（holy trinity），法文稱這組合為「mirepoix」。 使用比例大約是洋蔥：胡蘿蔔：芹菜＝ 2：1：1。

2 從冷水開始煮肉和骨頭，可溶解更多血水雜質，湯頭更清澈。

3 如果家裡沒有現成存放的雞脖子和背骨，多用一點雞翅與雞爪也行。

4 煮過的材料處理建議：雞翅可以撕成雞絲，胡蘿蔔可以壓成泥餵小朋友。

5 小妙方：高湯可用製冰盒冷凍成小塊，做菜隨時加 1 塊增香提味。

奶油蘑菇湯

Mushroom Cream Soup

　　蘑菇濃湯是國人很熟悉的西式湯品，但老實說我一直覺得大部分餐廳裡做的蘑菇湯根本沒有菇味，只不過是用炒麵糊和鮮雞粉調出來的，加幾片蘑菇裝飾而已。其實大部分的濃湯只要貨真價實，根本不需要炒麵糊，因為燉好的湯料打碎了自然就變濃稠，頂多再加一點鮮奶油就好了。由於菌菇的香味濃沉，烹調時加幾滴檸檬汁能非常有效的平衡提味；酸味反而被中和了，吃不出來。另外，我認為西班牙的雪莉酒（dry Sherry）或中式紹興酒與菌菇特別相稱，能為蘑菇湯增加微妙的深度，讓喝湯的人說不出為什麼，就是覺得你的湯特別好喝。

材料（4 人份）

香菇：1 包，約 250 克

蘑菇：1 包，約 250 克

蠔菇：1 包，約 250 克

秀珍菇：1 包，約 250 克

洋蔥：1 顆，切塊

大蒜：4 瓣，切碎

橄欖油：2 大匙

鹽：適量

黑胡椒：少許

檸檬：1/4 顆

西班牙雪莉酒 或 紹興酒 ：半杯（120 毫升）

雞高湯：約 2 杯（480 毫升）

奶油：1 大匙（約 15 克）

鮮奶油：約 60 毫升

巴西利：少許，切碎

做法

1 / 各類菌菇洗淨切塊。預留約 1 碗分量最後炒香做盤飾，其餘煮湯。

2 / 湯鍋開中大火，倒入 2 大匙橄欖油，爆香洋蔥與 3/4 分量的蒜末，隨後加入菌菇及鹽、胡椒，持續翻炒至菌菇出水，體積大幅縮小。

3 / 擠入少許檸檬汁，倒入雪莉酒或紹興酒，滾煮 1~2 分鐘揮發酒精，接著倒入高湯煮開，轉小火加鍋蓋續煮 20 分鐘。

4 / 用手持攪碎棒或果汁機將菇類及湯汁打成濃湯狀，加入鮮奶油，拌勻煮滾即熄火，品嚐調整鹹度。

5 / 備用的菌菇擦乾表面水分，炒鍋加入奶油爆香剩下 1/4 大蒜，倒入菇類拌炒，加鹽、胡椒，擠一點檸檬汁，持續翻炒至微焦呈金黃色（請參考 193 頁「蒜香炒蘑菇」）。

6 / 上桌前每碗裝盛適量濃湯，加入少許炒菇增加層次感，撒上香草，淋幾滴橄欖油（或松露油）即完成。

補充

1 選用四種新鮮菌菇，是取其不同的香味、口感和型態，確切的種類並不那麼重要，只要新鮮易得即可。唯金針菇不易打碎所以不適用。

2 蘑菇湯若能加入野生乾菌菇如牛肝菌、羊肚菌、松茸……風味尤佳。乾菌菇用熱水泡好後可與其他菌菇一切翻炒。泡菌菇汁可用咖啡濾泡紙過濾雜質，之後回鍋一起燉煮，雞高湯則相對減量。

3 果汁機打出的質地比手持攪碎棒更均勻細緻，但湯汁需稍微冷卻後才能攪打，否則容易濺爆燙傷。

4 若使用雞湯塊或市售高湯，需注意鹹度。

香腸甘藍白豆湯

Sausage, Kale & White Bean Soup

　　這道湯源自於義大利托斯卡尼，有點類似國人熟悉的羅宋湯，有肉有菜有紅豔豔的番茄色澤，但肉類用的是香腸而非牛肉塊，總共只需要燉 20 分鐘。湯裡的明星食材是近年來紅透半邊天的卷葉甘藍葉（kale），維生素礦物質「破表」，而且肥厚卷曲的葉片吃起來特別有存在感，可以煮湯、清炒、榨汁、或是烘乾成零食脆片。另外，白豆（Cannellini beans）在這裡一舉提供澱粉、蛋白質和纖維，讓湯汁顯得濃郁，營養價值更勝羅宋湯裡的馬鈴薯。煮好的湯搭配一片歐式麵包，吃完八分飽正適合夏日中午，如果再用果汁機打碎一點就是理想的嬰兒副食品，讓忙昏頭的媽媽能暫時假想自己悠閒的徜徉於托斯卡尼豔陽下。

材料

橄欖油：2 大匙

中型洋蔥：1 顆，切丁

大蒜：2 瓣，切末

大紅番茄：2 顆，切塊

中型胡蘿蔔：2 條，切丁

西式香腸：2 條，切丁

鹽：適量

黑胡椒：適量

義大利白豆罐頭：1 罐

高湯：約 400 毫升

卷葉甘藍：1 把，拔除粗莖，大葉片撕成小塊

乾燥羅勒：少許

乾燥奧勒岡葉：少許

做法

1 ／ 中火熱湯鍋或中式炒鍋，加入橄欖油，洋蔥炒 3~5 分鐘至軟而不焦，然後加入蒜末炒香。

2 ／ 加入胡蘿蔔和香腸丁下鍋拌炒。

3 ／ 加入番茄塊，轉大火，加少許鹽、黑胡椒、乾燥香草葉調味，拌炒至番茄軟化出水。

4 ／ 倒入白豆罐頭（含湯汁），拌炒均勻後加高湯蓋過湯料，煮開後轉小火，加蓋燉煮約 20 分鐘至胡蘿蔔煮軟。

5 ／ 轉大火，加入卷葉甘藍煮滾即可。

補充

1 高湯如果用現成市售的，要注意鹹度，酌量對水以免過鹹。

2 白豆罐頭在大部分超市都找得到，如果沒有義式 Cannellini，用美式 great northern beans 或法式 haricots blancs 等等大小不一的白豆都可以，或是用乾的白芸豆，隔夜浸泡再煮軟也很好。

3 我住在上海的時候發現當地一些小農已開始種植甘藍，1 大把差不多人民幣 5 元，非常實惠。如果台灣目前買不到，用芥蘭菜或菠菜代替也無妨。反之住在西方國家的朋友，如果買不到中式綠葉蔬菜，用甘藍葉跟蒜蓉大火快炒也很適合搭配中菜。

醃篤鮮

Shanghai Homestyle Soup with Ham, Ribs & Bamboo Shoots

在上海每逢四月，家家戶戶都燒醃篤鮮，因為四月是春筍上市的季節，鮮嫩又便宜，正好搭配過年前醃好了掛在陽台上風乾熟成的鹹肉。所謂「醃篤鮮」指的是用醃過的鹹肉去燉鮮竹筍和鮮肉，而那「篤」不只意味「燉」，也代表用砂鍋燉湯時不斷傳來的氣流沖鍋蓋之「篤篤」聲響。這聲響大過一般砂鍋菜，因為燒醃篤鮮必須用滾火而非文火，促使油水乳化以造就一鍋乳白色的湯頭。為此，醃篤鮮裡的鮮肉通常選用蹄膀或五花，因為肥油越多，湯汁也就越白。這裡我用小排骨代替，是跟之前上海家裡的保姆楊阿姨學的。她說排骨燉湯入味，肉也鮮甜，更重要的是「小姑娘愛漂亮，不要吃太肥」。我很喜歡這樣穠纖合度的版本，有排骨湯的底，由竹筍和百葉結做主角，一抹粉紅的鹹肉片與青菜畫龍點睛，為餐桌帶來盎然春意。

材料

家鄉鹹肉：1 塊（約 200 克）

竹筍：2 根

小排骨：約 500 克

百葉結：1 把

青江菜：1 把

薑：4~5 片

清水：蓋過材料的分量

紹興酒：1 大匙

做法

1／煮一鍋水先燙青江菜，取出後再燙鹹肉和小排骨，分裝備用。

2／竹筍由根至頭部劃一刀，剝掉外殼，削除中下段表層的老硬纖維，接著切滾刀塊（方法參考 69 頁「涼拌萵苣筍」）。

3／燉鍋內放薑片、小排骨與鹹肉，加清水蓋過，大火煮滾，撇除浮末，再加入紹興酒、竹筍，煮開後轉中火，加蓋燉煮約 20 分鐘，鍋內湯水必須保持滾動的狀態。

4／再開鍋蓋時湯色應已呈微白，加入百葉結，燉煮至鹹肉可以用筷子輕易戳過即可關火，約 50 分鐘。

5／取出整塊鹹肉，稍微放涼後切片。嚐嚐是否要加點鹽，青江菜回鍋加熱。均勻分配湯料入碗中，每一碗鋪上幾片鹹肉即完成。

我曾有幸燉了一鍋醃篤鮮給世界第一名的 F1 賽車手 Sebastian Vettel 品嚐，還帶他去菜場買鹹肉並現場學打百葉結呢！

補充

1 由於醃篤鮮傳統上是春令湯品，竹筍宜用鮮脆的春筍、綠竹筍。楊阿姨交代選越矮胖的越好。

2 如果買不到鹹肉，用金華火腿替代也可以，口味反而更鮮、更高檔，只是少了點家常的時令菜精神。

3 百葉結可以跟豆製品的攤位買薄百葉片回家自己切成長方塊，再折疊成細條打結。如果用袋裝的乾百葉結，必須提早跟竹筍一起下鍋才能燉煮入味。

西班牙番茄冷湯

Gazpacho

我二十歲的時候去西班牙自助旅行,第一次知道世界上還有冷湯這種東西。剛開始有點不習慣,但我越喝越喜歡。它像果汁,但鹹酸微辛也像液態的生菜沙拉,適合我這種不愛吃甜的胃口。近年來冷湯風行世界,口味種類越來越多,加西瓜、葡萄、毛豆等等的都有,但我還是最心儀傳統的 Gazpacho,每次喝就神遊回到了一個人漫步馬德里的年少時光。

材料(2~4 人份)

大紅番茄:4 顆,切丁

紅甜椒:1 顆,去籽切丁

辣椒:1 條,去籽切段,可不加

小黃瓜:1 條,切塊

洋蔥:半顆,切塊

大蒜:1~2 瓣

麵包:1 片

鹽:1/2 茶匙(2.5 克)

黑胡椒:適量

水:2 大匙

紅酒醋:1 匙,依個人喜好調整

冷壓初榨橄欖油:2~3 大匙

辣椒粉:少許,依個人喜好,亦可不加

做法

1 / 番茄、紅甜椒、辣椒、小黃瓜和洋蔥切好後放入碗盆中備用。

2 / 大蒜切半,以冷水煮開,倒掉水分,加冷水再煮一次,取出加入碗盆中。

3 / 麵包切掉硬邊後撕成大塊狀,加入碗盆中,撒鹽和胡椒,用手拌勻。

4 / 將碗盆中材料放進果汁機,加 2 大匙水打成液狀(依果汁機大小,可分幾次進行)。如果喜歡口感滑順一點,打成汁後可用濾網過濾碎渣。

5 / 加入橄欖油和紅酒醋調味,一邊以打蛋器攪拌均勻,然後封上保鮮膜,放入冰箱冷藏至少 2 小時。

6 / 用餐前盛入湯碗或玻璃杯,表面可撒一點烤麵包丁、小黃瓜丁或番茄丁,最後淋上少許橄欖油和辣椒粉即可。

補充

1 生大蒜打入冷湯後會顯得非常嗆,除了影響口氣也不易消化。這裡稍微煮過一下,比較溫和不嗆口,但仍能保持大蒜的辛香。

2 加入麵包的目的是讓湯更濃稠,增加飽足感。麵包不需選用新鮮的,家中剩餘的乾硬麵包即可。

Part. 02

肉類＆海鮮
Meat & Seafood

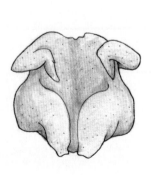

燉一鍋肉

記得有一回我拍視頻示範做紅酒燉牛肉，當天負責剪接的大男生問我：「這道菜很好吃，但如果不想用牛肉的話，換成豬肉可以嗎？」我回答說，這不常見但也沒什麼不可。他接著問：「那如果沒有紅酒，用黃酒（紹興酒）代替可以嗎？」我說，黃酒跟紅酒的味道很不一樣，不過拿來燉肉也不錯。怎知他接著又問：「那如果沒有高湯，用醬油加水可以嗎？」我最後說：「恭喜你，只要再加點冰糖，你已經順利完成一鍋紅燒肉！」

的確，慢燉菜就是那麼隨意，酒水調料怎麼代換都錯不到哪裡去，也因此幾乎每一種民族文化都有自己的慢燉料理。如中式的紅燒和滷煮、法國的紅酒燉肉、比利時的啤酒燉肉、印度的咖哩、摩洛哥的塔吉鍋燉肉等等，其主要差異在於調料，烹調步驟都大同小異。

倒是「肉」千萬不要挑太精瘦的，因為燉久了只會變得又老又乾。我曾聽一位太太說，他們家最講究食材，什麼都用頂級的，「連煮咖哩都用進口菲力牛排！」如此講究的確令人豔羨，但其實是暴殄天物。慢燉菜由於烹煮時間長，越是老硬多筋的便宜肉，如腱子、肋條、牛尾、羊膝、排骨、雞腿、老母雞、大公雞……越適合下鍋，讓文火慢慢地把肌肉和筋骨燉個酥爛，膠質融入湯汁且與蔬菜辛香料調和成一氣。

步驟上，西式燉肉習慣先把肉的表面煎黃，目的是藉由「梅納反應」讓肉味更香濃；中式烹調則先把肉入滾水汆燙，目的是讓表面的血水先凝固浮起，接下來燉煮的湯汁更清澈。兩種做法其實可以交替使用，或者折衷：燙過了再煎或與香料拌炒。每一種做法的結果都稍有不同，但沒有對錯，單看個人的口味與目的而已。

記得剛開始學做菜時，我買了一本三十多年前出版的「上海菜」食譜，書裡連續幾頁分別介紹蔥燒肋排、紅燒大排和糖醋小排。放眼望去除了排骨部位和切法不一樣，調料都差不多是蔥薑酒水糖醋醬油，只不過比例略有不同。每一則食譜都只有簡短幾行字，指名蔥燒肋排要先炸再燒，紅燒大排先煎再燒，糖醋小排先炒再燒；前者加洋蔥，其二加大蔥，後者加小蔥；有的要先醃過有的不必醃，有的要勾芡有的不勾芡。初下廚的我感到非常疑惑，每次買了不同切法的排骨都得再翻書確認一下到底要不要先醃一下，然後是煎、炒，還是炸，家裡蔥的種類對不對……這樣的狀況延續多時，我終於恍然大悟：原來這些步驟和調料上的差異都可以自行斟酌，沒有什麼鐵律說肋排非得炸而不能煎，非得配洋蔥而不能用大蔥。這就是簡要食譜的問題所在，簡單到讓人不明究理，只好把每一句話當作金科玉律。其實只要了解慢燉的基本步驟，三則食譜根本可以彙整為一個。所謂舉一反三，觸類旁通，就是這個道理。

　　以下是我整理出來燉肉的基本步驟：

1 / 肉洗淨切塊後先 ——

　　　　汆燙（適用於大多數中式燉肉，以及色澤口味偏清淡的菜式）：水滾後肉下鍋，直到水再度回滾，血水與表面雜質凝固浮起，即可起鍋沖淨備用。

　　　　油炸（適用於脂肪含量較多的肉，如五花肉）：以中火慢慢將表面炸黃，同時逼出多餘肥油，油脂瀝掉後反而較不油膩。

　　　　乾煎（適用於大多數西式燉肉）：選面積較大的平底鍋，以中火預熱，加奶油或植物油。肉表面水分務必擦乾，拍上薄薄一層麵粉，灑鹽與胡椒，下鍋煎至每面金黃。如果鍋子不夠大最好分批煎，才不會因為水氣過盛表面煎不黃（我通常不醃肉，因為燉那麼久已經很入味了，醃不醃沒有差別）。

2 / 燙、炸或煎好的肉先起鍋，鍋裡若有油請保留一匙以炒香備用的蔬菜，如洋蔥、大蒜、胡蘿蔔，直到表面微黃釋出香氣。這時繼續加入辛香料，如肉桂、八角、紅椒、咖哩、百里香、月桂葉。

3 / 注入汁水。可以用純水、高湯、水加酒、湯加酒、番茄罐頭、果汁、可樂、啤酒、椰漿、鮮奶油……選擇性無窮止盡，全看你想吃什麼味道。汁水不要一次加太多，先倒半杯，滾了以後用鏟子把鍋底焦黃的部分刮起融入湯料中，這個步驟叫做「deglazing」，使醬汁更香濃。

4 / 肉放回鍋內與蔬菜和辛香料拌勻，繼續倒入汁水直至肉側邊約 2/3 高度，煮滾轉小火。在此鹽或醬油可以先放少一點，因為水分會揮發，越煮越鹹，醬色也會越來越深，所以最好留到最後再調整鹽分。

5 / 鍋蓋扣上，以最小火燉煮，或者整鍋放進烤箱，以約 150℃ 小火慢慢加熱，讓湯汁表面緩緩的起泡，以要滾又不滾的狀態最為理想。燉煮的過程中，每小時可以翻攪一下以確保受熱均勻，肉一煮爛即關火，撇浮油浮末，斟酌調味，起鍋。

　　如此學會一招可以走遍天下，根本不需要食譜。整個燉煮過程中，蔬果受熱釋出糖分，酒精遇熱揮發留下果麥香，肉裡的筋絡融化為膠質……最後酒不澀，湯不膩，肉不腥，香料不嗆，只留下一股說不出的和諧：完整中有層次，層次中有完整，一切歸功於小火和時間，這就是慢燉的精神所在。

糖醋小排

Sweet & Sour Pork Ribs

　　這道菜是練習燉肉最好的範例：材料簡單，需時不長，卻包羅所有慢燉的關鍵步驟。「排骨」我個人偏好選用五花肉邊上帶點肥肉和軟骨的腩排，吃起來肉多且軟硬適中。道地上海人喜歡用肉攤上切剩的邊角雜排，骨多肉少，說是啃咬起來更有趣味。總之排骨不管肥還瘦，長條還是小塊都可以燉，選擇單看個人喜好。

　　醬油的部分我向來只用「生抽」。所謂「老抽」沒什麼鹹味香味，純粹用來調色。如果你喜歡醬色暗一點，可以酌量添加老抽，相較之下生抽燒出來的顏色更紅而亮。醋的部分我個人偏好台灣的工研烏醋，但當然也可以用味道更嗆的鎮江醋，甚至義大利的巴薩米克醋也很適合。這道菜最關鍵的步驟在於最後收汁：由於燉汁裡糖分較高，隨著水分揮發，汁水會逐漸轉為濃稠晶亮的糖漿，醬油本身色澤也愈發鮮明，所以一不需要勾芡增加稠度，二不需要老抽增加色度。只要掌握好火候，最簡單的材料就能包辦色香味！

材料

小排骨：約 500 克

薑：4 片

蔥：2 根，切段

蒜：2 瓣，拍裂

醬油：2 大匙

烏醋：2 大匙

紹興酒：1 大匙

冰糖：1 大匙

油：小半碗

做法

1 / 油以中大火燒熱，排骨下鍋炸至四面金黃。

2 / 鍋內油瀝出，留約 1 大匙油量，爆香蔥、薑、蒜後加入小排拌炒。

3 / 加入一碗清水以及醬油、烏醋、紹興酒和冰糖，煮開後加蓋轉小火繼續燉煮 45~60 分鐘，中間偶爾攪拌一下，直到小排變軟。

4 / 轉大火收汁，直到醬汁轉濃而油亮，炒拌均勻即可起鍋。

補充

學會燒糖醋排骨就可以舉一反三做紅燒肉（五花肉代替排骨）、豆豉排骨（加豆豉辣椒，減糖少醋）、香橙蜜汁燒排骨（用橙汁和蜂蜜代替醋和冰糖）、可樂燒排骨（可樂代替水和糖）……也可以加芋頭和栗子等等，變化無窮，想像力無極限。

紅酒燉牛肉

Red-wine Braised Beef

很多人都聽過一道法國菜叫「勃艮第牛肉」（Boeuf Bourguignon），那是勃艮第葡萄酒產區的名菜，利用當地盛產的黑皮諾紅酒入菜，肉要先用培根油炒過，還要分別炒小洋蔥和蘑菇，最後醬汁得過濾，手續有點繁雜，也難怪讓《美味關係》（*Julie & Julia*）那部電影裡小茱莉做得手忙腳亂、失敗痛哭。

這裡我示範的不是道地的勃艮第牛肉，只是帶有法式風味但最簡單隨性的家常料理。牛肉除了牛肋條也可以選用牛小排、牛頰、牛腱、牛膝和牛尾。蔬菜可以自行調整：白蘿蔔、馬鈴薯、蘑菇等等都很適合；喜歡酸一點就用罐頭代替新鮮番茄，或者都不加也無妨。 紅酒其實什麼產地和品種都可以，只要自己喝得順口就好，甚至改用白葡萄酒酒或啤酒也沒問題。代換後做出來的味道當然有所不同，名稱也得改一下，但這不就是家常菜的精髓嗎？

材料

牛肋條：1 公斤，切大塊

胡蘿蔔：3 根，切大塊

大蒜：4 大瓣，切末

洋蔥：1 顆，切丁

大紅番茄：2 顆，切丁

巴西利：1 把，莖葉分開，葉子切碎

百里香：少許

月桂葉：1 片

麵粉：3 大匙

油：2 大匙

鹽：少許

黑胡椒：少許

紅酒：1 杯（約 240 毫升）

高湯：1 杯（約 240 毫升）

做法

1 / 牛肉洗淨擦乾，表面薄薄拍一層麵粉。中大火起油鍋，牛肉分批放入，千萬不要擠得滿滿的以免水氣太多溫度下降。撒鹽與黑胡椒，煎至四面金黃後起鍋備用。如果煎出了很多油，倒掉一些，鍋底留 1 大匙油即可。

2 / 調至中火，洋蔥倒入鍋中拌炒至軟化，加大蒜末炒香，再加番茄丁炒至微微出水。

3 / 倒入紅酒煮開，同時用鏟子將鍋底焦黃的部分刮下來，溶入汁水中（deglazing）。煎好的牛肉放回鍋中攪拌均勻，倒入高湯直到快淹過肉，大火煮開後轉小火，放入巴西利的莖、百里香和月桂葉，加蓋慢燉 1 小時。

4 / 1 小時後加入胡蘿蔔，大火煮滾後再轉小火燉 30~60 分鐘，直到牛肉軟爛。

5 / 取出香草束，適量加鹽與黑胡椒調味，盛盤再撒一點巴西利碎末即可。搭配麵、飯或馬鈴薯。

補充

1 高湯宜使用雞骨或牛骨高湯，豬骨高湯並不適合。若使用市售高湯，必須對水減低鹽量。

2 巴西利的莖、百里香和月桂葉的經典組合在法文裡叫「bouquet garni」，意思是香草束，幾乎所有燉菜都會用到。如果用新鮮的香草，可以把 3 種香草用棉繩綁在一起，整束放入鍋中增香，燉好了再一次取出。 如果買不到新鮮香草，用瓶裝乾香料替代也可以。

番茄白酒燉雞

Braised Chicken with Tomatoes & White Wine

　　這道燉雞費時不長，但具有所有慢燉料理的迷人之處：肉酥爛、湯汁鮮濃，一鍋端上桌感覺很溫暖。慢燉時汁水不宜蓋過雞腿，建議選用底面積較大且有蓋子的平底炒鍋或燉鍋，讓白酒和番茄汁越煮越濃，融入雞汁和油脂幻化為層次豐富的醬汁，拌飯拌麵都好。

材料（4 人份）

油：2 大匙

雞腿：4 隻，分切成上下腿（參考 153 頁）

洋蔥：1 顆，切大塊

大蒜：4~5 瓣，拍裂

大紅番茄：3、4 顆，切塊

迷迭香：幾株

白葡萄酒：1/2 杯（120 毫升）

鹽：適量

黑胡椒：適量

做法

1　雞腿擦乾，表面均勻撒上鹽與胡椒。中大火起油鍋，雞腿分批煎至兩面金黃，起鍋。

2　原鍋放入洋蔥和大蒜炒香並微微上色，加入番茄、鹽和胡椒，拌炒至出汁。倒入白葡萄酒，滾煮揮發 1~2 分鐘，同時用木質或矽膠鍋鏟把鍋底焦黃肉渣刮起溶入湯汁。

3　煎黃的雞腿平鋪放回鍋內，皮面朝上。鍋裡湯汁最好淹至雞肉高度的 3/4，如果不及，加少許清水，煮滾後轉小火。

4　放入整株迷迭香，加蓋燉煮約 30 分鐘，直到湯汁轉為濃濃的乳黃色。如果覺得湯汁太稀，可轉大火滾煮收汁。最後品嚐調整鹽量即可盛盤，以新鮮迷迭香裝飾，搭配澱粉主食。

補充

1 香草不限於迷迭香，也可選用羅勒、巴西利、百里香等等，燉煮的時候加一點，盛盤後再撒一把增香。如果沒有新鮮香草，改用乾香草也行。

2 若選用去骨雞腿肉，燉煮時間稍微短一點。若用雞胸肉代替，因為肉質較乾不宜久煮，白葡萄酒得加少一點，燉 10 分鐘即可。

3 番茄燉煮後會出水，起鍋前若汁水不夠濃稠可再轉大火將汁水收乾一些。

椰汁咖哩牛肉醬

Keema Curry

　　這是我從《*Food & Wine*》雜誌學來的一道菜，源自於印度，材料隨處可得，其中罐頭番茄和冷凍豌豆剛好是我家裡唯二常備的保久蔬菜，運用在燉菜裡並不輸給新鮮番茄和豌豆。由於絞肉熟得快又不需久燉，整鍋肉醬不到 30 分鐘就可以上桌，一大鍋搭配米飯可以餵飽一家人。另外，印度人還會用這樣的咖哩肉醬搭配麵餅，或是做成餃子餡包成三角形油炸，變成著名的點心：samosa，妙用可不少呢！

材料

植物油：1 大匙

洋蔥：1 顆，切小丁

大蒜：2 瓣，切碎

薑末：2 大匙

咖哩粉：2 大匙

乾辣椒：少許

牛絞肉：約 350 克

馬鈴薯：1 顆，切丁

椰漿罐頭：1 罐（400 克）

番茄丁罐頭：1 罐（400 克）

豌豆：1 碗（新鮮或冷凍皆可）

鹽：約 1 茶匙（5 克）

香菜：1 大把，切碎

做法

1 / 大火熱油鍋，放入洋蔥丁拌炒幾分鐘至軟化，再加入蒜末、薑末、辣椒與咖哩粉拌炒至香氣撲鼻，接著加入牛絞肉炒開。

2 / 加入馬鈴薯丁、番茄罐頭（連同汁水）與椰漿，煮開後加鹽調味，轉小火加蓋燜煮 15~25 分鐘。

3 / 燉煮 20 分鐘後確認馬鈴薯是否軟爛，如果太濃就加點水，然後加入豌豆再煮約 1 分鐘。最後調整鹽量，起鍋前加香菜即可。

蒜香白酒煮淡菜

Steamed Mussels with Garlic & White Wine

　　這道菜裡鮮美的貝類英文名叫做「mussel」，法文叫做「moule」，中文裡名稱很不統一：台灣和上海稱之為「淡菜」，廣東人叫「青口」，而到了北方青島大連一帶就變成「海虹」了！最常出現在法國和比利時人的餐桌上，大盆大碗的上桌，搭配麵包和薯條。吃的時候不用擔心吃相，用手抓起黑亮貝殼，舔咬乾淨殼裡橘色嫩肉後，再用麵包沾盆底的醬汁，享受那海水的鹹鮮和大蒜白酒奶油的噴香，越是杯盤狼籍越過癮！

　　我在台灣、上海和香港的市場裡都曾見過新鮮淡菜，盛產的時候一大簍也不要多少錢，因為大家都不知道怎麼吃。但說實話跟歐美國家比起來，這在國內的確少見。如果買不到新鮮的，千萬不要屈就冷凍的淡菜，那吃起來跟橡皮一樣。同樣的做法，其實用任何蛤蜊替代都非常美味。

材料

淡菜：1 公斤

橄欖油：1 大匙

小紅蔥：1 顆，切末

蒜頭：1 顆，切末

白葡萄酒：200~250 毫升

大番茄：1 顆（或小番茄 1 把），切碎丁

新鮮香草（蒔蘿或巴西利或蝦夷蔥）：1 小把，切碎末

奶油：1 小塊 （約 15 克）

黑胡椒：少許

做法

1 / 清洗淡菜：新鮮淡菜殼縫裡有時會有一些細長「鬍鬚」，是貝殼用來附著於岸邊石頭和橋椿的工具，必須拔除洗淨。現在一般淡菜都是養殖，沒有太多沙，所以不需要泡水吐沙。如果不立刻使用，只要放在大碗裡，上面蓋一塊濕布，放冰箱冷藏即可。

2 / 烹調只需要幾分鐘。拿有蓋子的鍋，小紅蔥與蒜末入鍋用中大火以橄欖油爆香，放入淡菜拌勻，接著再倒入白酒煮開。上鍋蓋燜煮約 3~5 分鐘，直到淡菜殼打開（堅決不打開的就取出丟棄）。由於淡菜本身已帶有海水鹹味，烹調時不必加鹽。

3 / 倒入番茄丁拌勻，關火，放入 1 塊冷奶油輕輕攪拌直到融入湯汁，這會達到即刻乳化的效果，使湯汁轉濃也增香提鮮，是法式料理燉煮海鮮的標準手法。最後撒黑胡椒和香草即可起鍋。

補充

以上是基本做法，舉一反三可變化口味，比如：

A 西班牙口味：一開始加一點煙燻香腸丁爆香，白酒湯汁裡丟 1 小撮番紅花（saffron）。

B 泰式口味：一開始添加薑、香茅和辣椒爆香，椰奶代替白酒，加 1 茶匙魚露和青檸汁，撒香菜。

C 日式口味：清酒代替白酒，1 茶匙味噌代替奶油，青蔥代替香草。

川味口水雞

Poached Chicken with Chili Oil

口水雞是我非常喜歡的一道川味涼菜，有白斬雞的滑嫩，但又多了鹹酸麻辣醬汁刺激食慾，特別難以抗拒，既可當前菜宴客，也適合炎炎夏日的一人簡餐。雞腿烹煮的做法，我借用傳統做白斬雞的方式：先煮 10 分鐘再用鍋內餘熱悶熟，接著冰鎮，達到皮 Q 肉嫩口感。同時介紹雞腿去骨的技巧，只要照我的方法做就會發現一點也不難，關鍵是下刀於 L 型腿骨的正確位置，而且一定要在雞腿煮熟放涼了之後才能進行，否則熱呼呼的容易散開。去了骨的雞腿非常容易切片，擺盤整齊美觀，入口也方便無渣，比大刀闊斧的斬骨頭容易多了！

材料

大雞腿：1 隻

薑：2 片

蔥：2 支

紹興酒：2 大匙

鹽：半茶匙（2.5 克）

麻油：少許

醬油：3 大匙

白醋：1 大匙

烏醋：1 大匙

紅油：2~3 大匙（做法見 53 頁）

糖：半茶匙（2 克）

碎花生或芝麻：1 小把（見 57 頁「如何烤堅果」）

香菜末：少許

蔥末：少許

做法

1 │ 一小鍋清水加入雞腿煮滾，轉小火，撇撈浮沫。加入薑片、蔥段、鹽和紹興酒，加蓋續煮 10 分鐘，熄火再悶 10 分鐘。

2 │ 燜煮好的雞腿放入冰水中冰鎮。取出擦乾，翻至肉面朝上，皮面貼砧板，沿 L 形腿骨將肉劃開刀尖貼著骨頭兩邊刮幾刀，然後用手指將骨肉撥開，取出腿骨。中途如有小塊的肉剝落，不用擔心，放回去整理為原狀就好。

3 │ 去骨的雞腿翻過來皮面朝上，雞皮抹少許麻油增香提亮，接著一手箍緊皮肉以免鬆散，一手使刀將雞腿切成約 1 公分的厚片備用。

4 │ **準備醬汁**：醬油、醋、糖和麻辣紅油倒入碗中調勻。

5 │ 取一盤子倒入 2/3 醬汁，以刀背將雞腿盛起，排放入盤中，表面淋上剩餘醬汁。撒上蔥末、香菜末及碎花生或芝麻即可。

補充

1 煮雞腿的水已成高湯，可以保留燒湯做菜。我也常用這湯代替清水煮飯（如果量不夠就對足水量），煮出來的飯香而鮮，粒粒晶亮。若還有剩餘的湯，只要稍微調整鹽度，撒上白胡椒、油蔥酥和芹菜末，幾滴麻油，就是簡單美味的清湯，搭配口水雞和雞湯煮的飯，就是麻辣版「海南雞飯」！

2 拌雞腿的醬汁配方也適合拌麵、拌蔬菜。我一個人在家時，常喜歡煮點細麵條，拌上紅油醬醋汁，切一點小黃瓜絲再撒一把香菜，百吃不膩。

酒香入菜

有一回朋友請吃飯，端出了一道賣相很好的奶油醬燴海鮮，大伙兒興沖沖的盛盤品嘗，卻是主人第一個皺眉說：「怎麼一陣苦味？」憑良心說，那白白的奶醬入口的確苦澀，我一時也不知出了什麼問題。一番抽絲剝繭後，發現原來食譜上說要加半杯白葡萄酒，我那掌廚的朋友家裡沒有白酒，擅自決定以伏特加代替。

白葡萄酒的酒精濃度大約是 12％ ~14％，伏特加動輒超過 40％。再說以酒入菜的目的本不是為了酒精，而是為了添加香氣。白葡萄酒有酸性和果香，對濃稠的奶油白醬有去油解膩、增香提鮮的功效。反之伏特加是以馬鈴薯或穀類發酵蒸餾而成，屬於味道中性、不帶酸味的烈酒。以後者代替前者的結果是：酸香沒了，酒精卻殘餘太多。

我印象中，大概只有台式燒酒雞、麻油雞和產婦月子餐明顯吃得到酒精與酒味，那是為了暖身進補。 如果純粹為了美味，酒的用量絕對不需要那麼多。老實說我並不太懂得品酒，酒量也不好，但卻很喜歡以酒入菜，幾年下來累積了一些小心得，在此與大家簡單分享。我家裡常備的烹調用酒有以下幾樣：

- 紅葡萄酒
- 白葡萄酒
- 紹興酒
- 雪莉酒 （Sherry）
- 白蘭地 （Brandy/Cognac）

紅白葡萄酒適用於各式西餐，基本上是提酸增香，無論慢燉和調醬都好。一般來說，紅酒適合用來烹煮紅肉，白酒適合烹煮家禽、魚肉海鮮。但這個原則也不是死板的，比方法國有名的家常菜 coq au vin 就是用紅酒燉公雞，而我自己也偶爾會用白酒燉牛肉。

選購上，由於我對白酒的烹調用量比較大，通常會買一瓶很便宜的 Sauvignon Blanc 或 Pinot Grigio（一瓶在台幣 200 元

左右，最好是新式旋轉蓋），擺在冰箱裡方便隨時使用。至於紅酒，如果當天入菜的用量大，我也會專門買一瓶便宜的，要不然開一瓶酒來喝，預先倒一點做菜。不同的葡萄品種當然會造成菜色成品在色澤與香氣上的些許差異，但我認為差別不大。我在高級餐廳裡看多了大廚用便宜的盒裝酒，做出來的菜一樣色香味俱全，因此我不太相信很多人說的「千萬別用你不願意喝的酒做菜」。好酒有生命，微妙又豐富的香氣需要涼爽的環境保存，一旦受熱即面目全非，所以拿好酒做菜不是講究，而是暴殄天物。

紹興酒（黃酒）和西班牙的雪莉酒味道非常近似，雖然前者的原料是米，後者是葡萄，兩者都有琥珀色澤與濃沉香氣。在西方國家，每當中菜食譜裡指名要用紹興酒，備註常說可以用低糖雪莉酒（dry Sherry）代換，我嘗試發現真的沒問題，而且反之代換亦然。應用上，這兩種酒除了適合一般中菜的燉滷菜色，我覺得和魚貝類、蘑菇、豬肉都很相稱（見 141 頁「香煎大明蝦」補充處，91 頁「奶油蘑菇湯」做法 3）。另外香氣近似的還有義大利的馬薩拉酒（Marsala）和葡萄牙的波特酒（Port）與馬德拉酒（Madeira），跟雪莉酒一樣屬於所謂的「fortified wine」，也就是說在釀造好後又添加酒精以利久存，擺在櫥櫃裡一年都不會變質。

此外我通常也會準備一小瓶平價的白蘭地（Brandy）或干邑酒（Congnac，也就是法國干邑產區的白蘭地），因為這款酒幾乎什麼都搭，只要用一點點就可以為醬料和甜點增添迷人的風味。

以上是我常備的烹飪專用酒，但偶爾我也會去酒櫃裡偷一點龍舌蘭（Tequila）拿來醃雞肉和鮮蝦，威士忌（Whisky）拿來醃豬里脊，蘭姆酒（Rum）可以做甜點 ⋯⋯選用什麼酒入菜沒有明確規則，主要看你喜不喜歡那個味道，要不就是依循傳統的組合與食譜建議。有些烈酒具有明顯的單一原料香氣，可以像香精一樣使用，比如想要橙子的酸香就加 Grand Marnier 或 Cointreau，要杏仁香就加 Amaretto，要莓果香就加 Crème de Cassis⋯⋯如果你不像我這麼半調子，真正懂酒的話，創意用法更無可限量。料理程序上，酒的用法大致有四：

1 / 醃料

　　酒是酸性液體，能削弱肌肉組織使肉變得更嫩，所以適用於醃料。有些食譜建議在燒烤或燉肉的前一天把肉浸泡在香料與葡萄酒或烈酒裡，用量常超過 250 毫升，我認為那完全沒有必要。哈洛德・馬基在廚房科學寶典《食物與廚藝》裡說，酒在古時大量用於醃料的主要功能是減緩腐壞和提供風味，但浸泡久了不只表面會變得過酸，肉質也容易變得過於棉軟，所以與其隔夜浸漬，還不如把肉切小塊一點，快速醃一下就好（就像中式醃肉做法）。用量上無論是葡萄酒、米酒，還是烈酒，我很少用超過 2 湯匙的量醃肉，或是像我先生說的：「每 1 公斤的肉倒 1 杯酒，取 2 匙醃肉，剩下的自己喝掉！」

2 / 燉煮

　　料酒最常見的用法就是入菜燉煮，一方面能為食物增添酸香並軟化肉質，另一方面酒精還能溶解絕大多數不溶於水的香味分子，揮發的同時幫助釋放食材本身的香氣，讓食物更引人垂涎。由於我們用酒的目的不是要喝酒精，西方廚師一般趁鍋子仍乾熱的時候添酒入菜，讓高溫加速酒精揮發，我認為很有道理。也就是說，有別於中菜烹調一般在添加了湯水醬油之後才加酒的習慣，我建議大家在爆香完蔥薑蒜之後（包括辣椒、花椒、八角、肉桂等所有辛香料）、但汆燙或煎好的肉還沒回鍋加水之前，就先倒入料酒，讓酒精快速揮發的同時幫忙釋放香味分子，之後更溫和有效地融入湯汁。這跟我們大火快炒時加少許料酒迅速增香的道理相同。

3 / 調醬

　　西餐很講究醬汁，而醬汁裡通常含酒。入酒的時機如前所述，最好趁鍋子乾熱的時候。最常見的所謂 pan sauce，鍋邊醬的做法，就是在剛煎好肉排魚排的平底熱乾鍋上倒一杯葡萄酒（或幾大匙烈酒）和少許小紅蔥末，一邊揮發酒精，一邊用木鏟輕輕刮起鍋底沾黏的焦香殘渣，使之於酒精釋放香味。有人喜歡在這個步驟上做所謂的「flambé」，也就是在鍋裡倒了酒之後，點火使酒精燃燒成火焰，但這麼做主要是為了耍酷，能燃燒掉的酒精有限，之後仍需要繼續滾煮揮發。當料酒揮發減

量至原本的一半時，再加約 1 杯高湯繼續滾煮收汁，最後加少許奶油或鮮奶油使醬汁變得更濃稠，再以鹽、胡椒，或少許法式芥末醬調味即可。最後完成的醬料經過層層揮發收汁，再也沒有酒精的苦澀，只有鮮醇的醬香。

 / 畫龍點睛

烘焙甜點時我們時常添加 1 茶匙烈酒，酒精在中低溫的烘烤環境下揮發非常有限，但因為量少也不造成苦澀問題，只帶來一絲更成熟的氣息。曾經有位愛喝酒的大廚告訴我，凡是添加了 fortified wine（如 Sherry、Madeira、Marsala）的湯品和燉菜，出菜前如果再加 1 茶匙同樣的酒，風味特別迷人，是謂畫龍點睛。

最後必須一提的是，無論怎樣滾煮燃燒，菜裡的酒精不可能完全揮發。根據美國農業部發佈的數據，酒精在經過不同方式烹調後的殘留量如下：

烹調法	酒精殘留量	酒精揮發量
火焰燃燒（flambé）	75%	25%
隔夜靜置，不加熱不加蓋	70%	30%
燉煮或慢烤 1 小時	25%	75%
燉煮或慢烤 2.5 小時	5%	95%

結論是，除非你想假吃飯之名真喝酒，做菜時用酒的分量以少為佳。少量的酒精就可以溶解食物裡的香味分子，同時留下發酵葡萄或穀類的香氛，為菜色加分許多。至於那少許殘留的酒精，我認為完全不造成問題，甚至連我兩歲和四歲的孩子也跟著一起吃紅酒燉牛肉、白酒煮蛤蜊……從不曾因此臉紅心悸。如果真有什麼影響，我猜那頂多讓他們睡得好一點，所以何樂而不為呢？

鹽漬法

　　我第一次吃到鹽漬過的雞肉是十五年前，在西雅圖一家小酒館裡。當時我剛吃完烤雞腿，滿心認定接下來的雞胸肉肯定乾硬無味，沒想到一口咬下去竟出奇的鮮嫩多汁，而且每一口都入味。我驚呼一聲：「怎麼會那麼嫩！」服務生聽到了，過來我耳邊悄悄地說：「這是泡過鹽水的，our chef's secret!」

　　回家後我做了很多功課，得知濃度超過 5.5% 的鹽水（brine）能夠溶解部分蛋白質，防止肌肉遇熱緊縮，同時提高細胞 10% 含水量，使之不易燒乾。濃度 5.5% 的鹽水（就是 5.5 克的鹽溶於 100 毫升的水）大約和海水一樣鹹，肉類醃泡其中最少需 4 小時，最好冷藏隔夜。如此醃過的肉鹹度恰恰好，而且烹調後果真飽滿多汁。如果你切開一片泡過鹽水再烹調的雞胸肉就會看到，原本一絲絲明顯的肌肉看不太清楚了，取而代之的是交織緊緻的紋理，吃起來肉質也比較細密有彈性，類似熟食 deli 買來的燻雞和火腿（也都是鹽漬過的）。

　　從那時開始我每次買雞肉回家，一定立刻泡鹽水。美國感恩節必吃的龐大火雞更是非泡不可，其他精瘦的部位如豬里肌（tenderloin）、牛前胸（brisket）也等同處置，甚至連帶皮鮮蝦泡過也能入味且口感更脆。經過無數次實驗，我發現鹽水裡沒有必要添加蔥薑蒜等等香料，因為香味分子只溶於油和酒精，不管怎麼浸泡都很難進入肌肉，還不如烹調的時候再加。除了鹽之外，我頂多另外加一點糖以求平衡並幫助焦化上色，有時也會倒入 1~2 匙葡萄酒或烈酒幫助軟化肉質（見 116 頁〈酒香入菜〉）。就這麼簡單的鹽水，對於風味的提升遠勝過其他一切醃料。

　　如此行之多年，有一回我無意間讀到已故的主廚 Judy Rogers 所推廣的所謂「乾式鹽漬法」（dry brining），得知她餐廳 Zuni Café 裡遠近馳民的烤雞都是前一兩天就在表面抹了

鹽的。一開始鹽會使肉微微出水，但過一會兒水分就會跟鹽一起被回收進去，透過毛細作用均勻散佈肌肉組織，就跟泡鹽水有一樣神奇的保水效果，完全推翻了過去認為烹調前抹鹽會把肉裡水分吸乾的論調。

經過多次實驗，我發現乾漬時用肉重量 1% 的鹽剛剛好，也就是說每 100 公克的肉用 1 公克鹽，很好記，稍微做過幾次以後就可以純憑感覺和眼力，毋須測量。鹽漬所需的時間同樣是最少 4 小時，最好隔夜。冷藏時盛裝肉的容器不要密封，這樣冰箱裡的冷空氣能幫助風乾肉的表面，到時無論煎或烤都更容易上色也更焦脆。

泡鹽水和乾漬各有各的好處，前者滲透均勻萬無一失，後者省時省力，不需大容器浸泡，不佔冰箱空間，烹調前也省了把肉瀝淨擦乾的手續。我建議大家依個人喜好任選一，從此肉類烹調必有如神助。

鹽漬配方

每 100 克的肉均勻抹上 1 克的鹽，不加蓋冷藏風乾至少 4 小時。

鹽水配方

材料：

鹽：22 克

紅糖：2 大匙

清水：400 毫升

做法：

400 毫升的水倒出一小部分煮沸，鹽和紅糖融化於其中，再加入剩下的清水攪拌均勻，等放涼之後再用來醃肉以免滋生細菌，之後冷藏至少 4 小時。

小里肌配白蘭地黑胡椒醬

Pork Tenderloin Medallions with Brandy Peppercorn Sauce

　　鮮嫩的小里肌在中式烹調裡通常做成炒肉片或炸肉排，但其實以西式切大塊煎烤的方式也非常適合。小里肌豬肉相當於牛身上的菲力，是背脊和肋骨間最細嫩又精瘦的長條肌肉，適合大火快速烹調。由於豬肉不像牛肉一樣可以吃半熟，如何確保「熟而不老」是一大挑戰。我在烹調小里肌前一定先進行鹽漬以有效減少受熱時水分流失，同時幫助入味。西方廚師一般習慣一次烹調整條小里肌，先煎後烤再切片，但這裡我比照菲力牛排的做法，先切厚片煎熟，起鍋再用白蘭地酒隨手調個鍋邊醬（pan sauce），整道菜除卻事前醃漬準備，只要 10 分鐘就可以完成，濃郁的肉香與醬香卻會縈繞廚房許久。

材料（4 人份）

豬小里肌：1 條（約 550 克）

鹽：適量

黑胡椒：適量

橄欖油：1 大匙

- - - - - - - - - - - - - - - -

奶油：1 小塊（約 15 克）

小紅蔥：1 顆，切碎

白蘭地：1/2 杯（約 120 毫升）

雞高湯：1 杯（約 240 毫升）

鮮奶油：2 大匙（30 克）

鹽：適量

粗粒黑胡椒：1 茶匙

巴西利末：1 茶匙

做法

1. 整條豬里肌洗淨擦乾，切除表面多餘筋膜後，均勻抹上橄欖油和里肌重量 1% 的鹽，不密封敞開放在冰箱裡至少 4 小時，最好隔夜（參考 120 頁〈鹽漬法〉）。

2. 鹽漬好的里肌肉從冰箱取出，分切成約 3~3.5 公分厚片，1 條估計可以切 8 片。用手從切面微微壓扁豬排，使表面積變大，撒少許黑胡椒。

3. 平底鍋以中大火預熱，淋少許油，豬排平鋪放入，煎 1 分鐘後翻面，過程中不要移動豬排否則難以焦化上色。接下來每分鐘翻一次面，共煎約 6~7 分鐘。側邊部分若想煎上色，可以用人字夾一次夾起 3、4 片，方便同時翻轉煎香側邊（見 124 頁圖 3）。煎好即起鍋靜置。

4. 白蘭地黑胡椒醬：剛煎好豬排的平底鍋裡放入奶油和紅蔥碎炒香（鍋子如果還很熱的話，可以不開火），接著倒入白蘭地，大火滾煮揮發酒精，同時用木鏟刮起鍋底沾黏的焦香殘渣，直到液體幾乎收乾，這時再倒入雞高湯繼續滾，煮至原本 1/3 分量，接著倒入鮮奶油煮開，撒鹽和胡椒調味，再加巴西利拌勻，共需時 3~5 分鐘。完成立刻淋於盤中搭配豬排享用。

補充

理想的豬里肌最好煎到八、九分熟，切開是不帶血的一抹粉紅，如此肉質比較細嫩。很多人堅信豬肉一定要全熟，主要是擔心寄生蟲。其實豬體容易感染的旋毛蟲（Trichinella spiralis）不耐熱，只要受熱超過 58℃ 就死光了，而粉紅不帶血的熟度至少有 65℃，早已越過安全界線，高級餐廳裡都是煎烤到這樣上桌，食客大可放心。

4

5

6

慢火逼出皮下大量的油脂，只留下金黃的脆皮。

煎鴨胸配香橙醬

Seared Duck Breast with Anise Flavored Orange Reduction

　　不同品種的鴨子大小差距很多，但胸脯上都有一層肥厚的皮下脂肪，在肉類烹調上屬於非常獨特的部位。要怎樣能讓鴨皮焦脆不肥膩，同時保持底下精瘦的胸肉細嫩多汁，火候掌控非常重要。很多餐廳為了講求效率用大火煎鴨皮，這樣表皮雖焦脆，底下一層肥油仍看了嚇人，因此我主張用中偏小火慢慢煎鴨皮，讓脂肪一點一點滲出，最後剩下一層金黃薄脆的鴨皮。瘦肉的部分也用溫和火力花點耐心烹調，力求達到粉紅不見血的八分熟。如此口感近似牛排，遠勝過色灰肉乾的全熟鴨胸。由於鴨本身味道比較重，法式烹調裡常用柳橙醬汁的清香果酸搭配以平衡，唯獨遺憾是往往太甜。這裡我試著在橙醬裡添加了一點中式風味：以生薑、八角和醬油提鮮，效果不錯，喜歡吃鴨的人一定要試試！

材料（2 人份）

鴨胸：1 片（約 240 克）

鹽：適量

黑胡椒：適量

橄欖油：少許

柳橙汁：1 杯（240 毫升）

薑：2 片

八角：1 個

醬油：1 大匙

做法

1 / 鴨皮用刀劃菱格狀切紋以利脂肪釋出，然後均勻撒上鹽、胡椒。

2 / 平底鍋以中火預熱，倒入橄欖油，鴨胸皮面朝下入鍋，慢煎約 10 分鐘，過程中會陸續釋出許多油脂，可瀝乾繼續煎。

3 / 皮面煎至金黃焦脆後，翻面再煎 10 分鐘，或是移入預熱至 180℃烤箱，烘烤約 10 分鐘。

4 / **製作香橙醬：**另起一小鍋倒入柳橙汁，加入薑片、八角，大火滾煮揮發至原來三成的分量，味道和質地都轉濃。以濾網過濾雜質，加入醬油拌勻。

5 / 鴨胸烤好後靜置 2~3 分鐘使肉質回收於細胞裡，再斜切成片，盛盤後淋上香橙醬即可。建議搭配搗成泥的番薯食用。

補充

1 煎鴨胸時瀝出的油脂特別適合用來煎烤馬鈴薯。

2 我一般選用的是胸肉比較大而厚的番鴨（Muscovy duck）或是番鴨與北京鴨的混種鴨（mullard duck），1 片鴨胸通常超過 200 克，最多甚至近 400 克。如果買到的是比較小片的土鴨胸，鴨皮煎薄脆後，翻面煎肉的時間必須縮短。

黛安是個可愛的上海女生，從我第一個視頻發佈開始，她就跟著學做每一道菜，週週透過微博跟我交作業，成品賣相完全青出於藍。
這次特別情商分享兩張她的作品，大家看看多麼清新美好！（烹調、攝影：鮑黛安）

酸豆檸香雞排

Chicken Piccata

　　這是一道非常經典又快速的義大利菜，傳統上使用小牛肉薄片（veal scallopini），但現在一般人都用雞胸肉代替。雞胸肉先剖半又敲打至非常薄，很快就煎熟，根本不會變乾變硬，而且臨時撒鹽即可入味，不必事先醃過。雞排煎好起鍋後再用原鍋快速調個香噴噴的醬汁，搭配同樣快熟的天使細麵（capellini 或 angel hair pasta），10 分鐘完成一道有麵有肉有醬的料理，再也沒理由說沒時間下廚了！

材料（2 人份）

雞胸肉：2 片

麵粉：約半碗

鹽：少許

黑胡椒：少許

橄欖油：2 大匙

奶油：4 大匙（約 60 克）

大蒜：2 瓣，切碎

小酸豆：1 大匙

雞高湯：200 毫升

巴西利：1 小把，切碎

檸檬：半顆，榨汁

義大利天使細麵：約 120 克

橄欖油：少許

鹽：少許

黑胡椒：少許

做法

1 / 將雞胸肉橫剖成 2 片。如果厚薄不均，再用肉槌敲薄（或於肉片上鋪保鮮膜後使用厚重的鍋子或字典敲打較厚的部分）。肉片兩面均勻撒上鹽、黑胡椒，沾裹一層麵粉，再抖一抖甩掉多餘麵粉。

2 / 平底鍋以中大火預熱，加入一半奶油及 2 大匙橄欖油。奶油起泡後放入雞排煎至兩面金黃（各約 2~3 分鐘），起鍋備用。

3 / 煎雞排的同時煮開一鍋水，放入天使細麵，依包裝指示煮熟後撈出瀝乾，用少許橄欖油、鹽、胡椒拌勻備用。

4 / 煎肉的平底鍋放入另一半奶油與蒜末炒香，再放入小酸豆、檸檬汁、雞湯，大火滾煮並用鍋鏟將鍋底沾黏的焦香肉渣刮起溶入醬汁，直到醬汁揮發約減半。品嚐調整鹽量，再把煎好的雞排放回鍋中，撒一把巴西利，拌勻即關火。

5 / 盛盤時每人少許天使麵搭配 2 片薄雞排，醬汁均勻澆在雞排和麵條上即可。

補充
1 沾雞排用的麵粉不會全部用完，但碗盆裡必須多擺一點麵粉，雞排才能沾裹均勻。
2 煎雞排的時候用一半奶油一半橄欖油，是取奶油的香氣，但也避免過多奶油容易燒焦。

煎牛排

Seared Steak

　　煎牛排是西餐的基本功，掌廚之人必須懂得用最簡單的鹽巴調味，然後精準的判斷熟度。牛排越生則越軟，越熟則越硬。下回你在餐廳裡吃到熟度理想的牛排時，建議用指尖按壓一下，記住那個軟硬度，以後在家煎牛排就等待那個觸感，不然就參考下表「掐指一算」的方法。牛排本身品質當然也很重要，我個人偏好青草飼養的，部位最好帶點油花，如肋眼、莎朗、丁骨。當然如果想吃最嫩又瘦的，菲力里肌肉是上選。買的時候最好選擇切片厚一點的，煎烤後比較能保持咬感和汁水。除此之外，鍋子要燙，鹽不能少，焦香多汁的牛排就可以成為你的拿手菜了。

材料

牛排：8 盎司

（約 220 克，厚度約 2.5 公分）

鹽：約 2 克

黑胡椒：適量

植物油：1 大匙

做法

1 / 牛排單面撒上鹽、黑胡椒，抹一點油；翻面重複同樣步驟。

2 / 煎鍋以中大火預熱，一定要確定非常熱才放入牛排，下鍋必須聽到滋滋聲響且立刻聞到焦香。因為牛排表面已抹油，鍋內不用再加油。

3 / 1 分鐘後翻面，途中不要動牛排否則難以焦化上色，之後每分鐘翻一次面，直到達到個人喜歡的熟度。盛盤搭配香蒜奶油醬（參考 51 頁）或紅酒味噌醬（參考 139 頁，白葡萄酒改用紅酒即可）。

> **掐指一算：判斷牛排熟度**
>
> 用大姆指尖先後掐起食指、中指、無名指與小指，另一手觸壓虎口下方肌肉鬆緊程度，相當於牛排不同熟度：
>
> 掐食指：三分熟（rare）　　　　掐中指：五分熟（medium-rare）
> 掐無名指：七分熟（medium）　掐小指：全熟（well-done）

補充

1 牛排從冰箱取出後，最好先靜置半小時至室溫再進行烹調。

2 煎好的牛排如果要切片盛盤，最好先靜置 2 分鐘，讓肉汁吸收回細胞間，切的時候才不會汁水橫流。

3 有一種老派的理論說煎牛排不可以放鹽，因為鹽會把肉汁吸出來，這其實沒道理可循。一是鹽在那麼短時間內根本來不及吸出水分，二是如果擺久一點，滲出的水分其實又會跟鹽分一起回收到細胞內，最後受熱反而更保水（見 120 頁〈鹽漬法〉）。再說最頂級的牛排都經過「乾燥熟成」（dry aging），其中一大目的就是使水分流失以強化牛肉本身鮮味，可見完全沒有必要擔心水分流失。我倒是曾聽前《紐約時報》首席食評 Ruth Reichl 說過，煎牛排的一大秘訣就是下鍋前要大方的撒鹽，「當你覺得撒得差不多的時候，就再加一點」。不過這麼大刺刺的做法只適用於厚片牛排，如果買來的牛排很薄，這麼做就太鹹了。

4 還有一個老派理論：煎牛排把表面煎黃可以「封汁」，這已被科學家推翻。煎黃的目的是為了產生梅納反應，使肉香更豐富。

煎烤牛排配煙燻紅椒油

Grilled Flank Steak with Smokey Paprika Oil

　　特別介紹幾個大家比較不熟悉的牛排部位：牛腹部靠後方的牛腹脅肉（flank steak），胸腔和腹腔間的橫隔膜叫裙帶肉（skirt steak），以及里脊和肋骨之間垂下的一塊黃瓜條（hanger steak）。這三個部位的共同點是都非常瘦，長而齊整的肌肉紋理分明，價格親民（雖然近年來越來越多人知道，有水漲船高的趨勢）。與常見的肋眼和莎朗等部位比起來，這三塊肉沒那麼嫩，但只要逆著紋理切（下刀跟肌肉紋理呈 90 度方向），吃起來一點也不老硬，稍微帶點嚼勁反而更香。請客的時候我常買一大塊這樣的牛排，先煎後烤，臨上桌切片淋上醬汁，討喜、省錢又省力。只可惜不知為什麼國內不容易買到這三個部位（特別適合切絲炒中式牛肉），如果難得看到一定要搶下手，不然就是跟師傅套交情，請他專門幫你留一塊囉！

材料（2-4 人份）

牛腹脅肉：1 大塊
（約 350~550 克），或裙帶肉、
「黃瓜條」等部位

鹽：適量

黑胡椒：適量

大蒜：2 瓣，拍碎

匈牙利紅椒粉：2 茶匙

綜合西式乾香草：1 茶匙

橄欖油：3 大匙

做法

1 / 牛排表面均勻抹橄欖油並大方的撒鹽和胡椒。同時平底鍋以大火預熱，烤箱預熱至 180℃。

2 / 牛排下鍋煎至兩面都金黃焦香，然後放入鋪了錫箔紙的烤盤中，放進烤箱烘烤 7~10 分鐘，直到觸壓表面確認到達理想熟度（見 131 頁小專欄）。

3 / 製作煙燻紅椒油：小碗中放入大蒜、匈牙利紅椒粉、乾香草，少許鹽和胡椒。小鍋中倒入 3 大匙橄欖油，加熱到剛要冒煙時即關火，倒入小碗的乾料中，攪拌均勻即可。

4 / 牛排出爐後靜置 2~3 分鐘後，逆著紋理斜斜切片，淋上紅椒油即可。

補充

匈牙利紅椒粉色澤鮮紅，帶煙燻香氣，味道有分辣（hot or picante）和不辣（sweet or dulce）。一般英文叫 paprika，源自西班牙的則叫做 pimentón。如無特別標示，通常代表是不辣的。

（烹調、攝影：鮑黛安）

煎鯛魚配莎莎醬

Pan-fried Tilapia with Tomato Salsa

　　我曾配合台灣綠色和平組織為「國際海洋日」設計幾個符合環保與永續發展原則的海鮮菜單，這就是其中的主打菜色。由於海魚近年來受到過度捕撈，生態嚴重破壞，現在相關學界都鼓勵少吃野生魚，改吃養殖魚，尤其是來自低污染養殖業的魚種。台灣鯛魚養殖業很符合這個標準：水質管制普遍嚴謹，還有所謂的「潮鯛」來自海口，完全沒有土腥味，可外銷日本作生魚片。其實鯛魚就是我們以前熟知的吳郭魚，有些源自尼羅河的具有紅色斑紋，在大陸香港一般稱作羅非魚或尼羅河紅魚。牠成長快速，雜食性，對環境耐受力強，最適合環保永續的養殖，唯獨口味較無特色，在調味上下工夫就變得相對重要。我搭配墨西哥風味的莎莎醬，口味比中式慣用的蔥薑料酒來得清新，當初試菜時可受到多位海洋生物學者與環保人士的讚賞哦！

材料（2 人份）

大番茄：1 顆，切小丁

洋蔥：1/4 顆，切小丁

辣椒：半根，去籽切碎

檸檬：半顆，榨汁

香菜：適量，切碎

大蒜：適量，切末

孜然粉：1 茶匙

鹽：適量

黑胡椒：適量

鯛魚：2 大片

油：1 大匙

做法

1　**製作莎莎醬：**碗裡放入洋蔥丁、番茄丁、辣椒末、香菜末、大蒜末，混合拌勻，擠入檸檬汁，最後加入孜然粉、鹽、胡椒，拌勻調整鹹度，備用。

2　擦乾鯛魚表面的水分，撒上鹽和胡椒。

3　平底鍋以中大火預熱，倒入油，鯛魚入鍋煎 1 分半至 2 分鐘，上色後翻面，再煎約 1 分鐘起鍋。盛盤淋上莎莎醬即可。

補充

1 莎莎醬（salsa）西班牙文意為「sauce」，也就是「醬」，但我們一般說到 salsa 通常指墨西哥式的，由番茄或熱帶水果製成的醬。莎莎醬中的番茄亦可使用燒烤過的番茄，但最常見的還是用生番茄。

2 墨西哥菜跟中菜一樣常用香菜，另外他們廣泛使用辣椒、孜然和青檸檬，這幾樣材料加在一起立刻有墨西哥味。如果青檸檬（lime）改成黃檸檬（lemon），香菜改為巴西利，口味就馬上變得偏南歐地中海。

煎魚排配青檸醬油

Seared Filet of Fish with Lime Ponzu Sauce

　　我難得示範一道比較有擺盤的菜，主要想讓大家看看，做一道有餐廳賣相的菜是多麼容易，從頭到尾真的只需要 10 分鐘。口味上這個青檸醬油既類似日式醋醬油或柚子醬油（ponzu），也有點像泰式常用來涼拌的香辣青檸魚露汁。說穿了就是把我自己喜歡的口味融合在一起，吃起來酸香開胃，特別適合搭配魚肉海鮮。

材料（2 人份）

青檸醬油

醬油：4 大匙

白醋：4 大匙

青檸檬：1 顆

洋蔥：1 大匙，切小丁

辣椒：半根，切末

香菜：適量，切碎

橄欖油：1 匙

煎魚排

魚排：2 片

小黃瓜：1 條

番茄：2 大片

橄欖油：1 大匙

鹽：適量

黑胡椒：適量

西式綜合乾香草：1 小撮

做法

1 / 烤箱預熱 180℃ 。

2 / **製作青檸醬油**：碗中加入醬油、白醋與檸檬榨汁。洋蔥丁、辣椒末和香菜末倒入碗中，再加入橄欖油調勻即可。

3 / **準備配菜**：

　　① 小黃瓜以削皮刀削成緞帶狀，備用（僅使用靠近外皮的瓜肉，籽的部分捨去）。

　　② 番茄沿緯線切成約兩公分厚片（用靠近中央的部位），淋一點橄欖油，撒鹽與黑胡椒、乾香草，放入烤箱以 180℃ 烘烤約 10 分鐘後取出備用。

4 / **煎魚排**：平底不沾鍋以中大火預熱，鍋中加入 1 大匙油。魚排徹底擦乾，均勻撒上鹽與胡椒，然後把比較漂亮的一面（或皮面）先朝下，入鍋煎 2~3 分鐘，以鍋鏟按壓確保表面與平底鍋完整接觸。檢查底部變金黃即可翻面，再煎半分鐘左右起鍋（若魚排較薄，翻面後煎 10 秒鐘即可）。

5 / **擺盤**：盤中倒入 3 大匙青檸醬油，擺上烤番茄厚片，再擺上魚排。小黃瓜緞帶用少許鹽和橄欖油拌一下，抓一把堆在魚排上即完成。

補充

1 製作青檸醬油時，若是怕酸也可加入 1 茶匙糖或蜂蜜。如果要味道更日式一點，也可以加入柴魚昆布高湯增添風味。

2 這道菜適合用稍大型魚切成的厚片白肉魚排，其中較合乎環保永續原則的包括黑鱈魚（Alaskan cod），大比目魚（halibut），青嘴（sand snapper），魴魚（dory）。如果用小型魚切的薄片魚排，烹調火力可以增大，時間則要減短。

3 判別魚肉是否熟透：以金屬刀叉戳刺魚肉最厚的部位，再放到人中測試溫度，若微溫代表魚已熟透；若是太燙，則代表過熟；若是偏涼，則仍未熟。

煎鮭魚配白酒味噌醬

Seared Salmon with Miso White Wine Sauce

　　日本人常用味噌醃漬鱈魚然後燒烤，但味噌入醬搭配主菜的吃法，倒是這幾年來西方廚界才開始流行的把戲。由於發酵過的味噌富含鮮味，只要加一點點進入法式醬汁裡，鮮美立刻升級，同時增加醬汁濃稠度。我第一次吃到這樣的組合是在上海外灘的 Jean-Georges 餐廳，當時就為那搭配牛排的紅酒味噌醬而驚豔。第二天在家我正打算煎鮭魚，靈機一動，隨手做了一個白酒味噌醬，感覺味道很搭，大家也不妨試試！

材料

小紅蔥：1 顆，切碎

白葡萄酒：半碗

高湯：1 碗（可用雞湯或魚湯）

鮮奶油：半碗

白味噌：2 茶匙

鮭魚：2 片（各約 150 克）

鹽：適量

黑胡椒：適量

橄欖油：1 大匙

補充

1 買來的鮭魚排如果帶皮，不需去除，但烹調時皮面必須先下鍋，才能達到酥脆口感。

2 如果能買到野生鮭魚，口味和營養價值絕對比養殖的理想，但野生鮭魚脂肪量少，一煎過頭就變得很乾，所以寧可八分熟，千萬不要過熟。相對之下，養殖鮭魚脂肪含量高，很難煎失敗，適合初下廚的人。

3 若想確定魚是否烹調適當，可用金屬叉子或小刀刺入魚身最厚的部分，然後立刻用叉子尖或刀尖碰觸人中。感覺金屬是冷的，表示熟度不夠；如果微溫則熟度恰好；如熱燙的則過熟了。

做法

1 / **製作白酒味噌醬**：拿一個口徑較小的湯鍋，小紅蔥放入鍋裡以中大火炒香。隨後倒入白葡萄酒，轉大火滾煮，直到揮發至只剩 1 湯匙。接著倒入高湯（市售現成高湯鹽分較高，必須對水直到微鹹即可）繼續滾煮，直到揮發僅剩原本一半。這時再倒入鮮奶油滾煮，直到湯汁揮發到可以附著在湯匙上的濃稠度，關火。白味噌以 1 湯匙熱水調成糊，倒入湯鍋裡攪拌均勻。

2 / 醬汁滾煮高湯等待揮發的空檔，可以開始煎鮭魚，估計醬和魚可以同時結束。鮭魚洗淨擦乾（一定要擦乾！），表面均勻撒上鹽和胡椒，抹橄欖油。

3 / 平底不沾鍋以中大火預熱，魚排下鍋必須聽到滋滋聲響，之後轉中火，持續觀察魚排側面的色澤變化。鮭魚排會從靠近鍋面的下方逐漸往上變熟，如圖示顏色也從半透明的桔紅逐漸變成乳白，當乳白色到達魚排側邊一半的高度時，即可翻面。中途可以偶爾檢查底面焦黃的狀況，如果上色太深太快，火力要適度轉弱。翻面後大約再煎半分鐘，側邊顏色全部乳白即可關火。

4 / 煎好的鮭魚盛盤淋上白酒味噌醬汁，宜搭配綠色蔬菜如烤蘆筍或清炒四季豆。

香煎大明蝦

Seared Butterflied Prawns

我常覺得大明蝦剝了殼燒很可惜，因為一加熱就縮了，感覺充其量是大號蝦仁，看不出價值，但如果連殼烹煮又不易入味。為此，餐廳裡的大廚通常會為大明蝦開背，簡簡單單一個動作，讓蝦肉能直接受熱煎黃，徹底入味，同時保持耀眼碩大的身形，是很有加值作用的小技巧。

材料

大明蝦：6 隻

鹽：適量

黑胡椒：適量

油：1 大匙

奶油：3 大匙（約 45 克）

大蒜：1 瓣，切碎

檸檬：1 顆

香菜末：少許

做法

1 / 明蝦去頭，以剪刀沿著蝦背稜線將蝦殼剪開至蝦尾，接著菜刀切入蝦背縫口直到幾乎剖半，翻開後清除靠邊緣腸泥。徹底擦乾，撒鹽和黑胡椒 。

2 / 平底鍋大火預熱，倒 1 大匙油，明蝦剖面朝下入鍋，用鍋鏟按壓以確保攤平，煎 1~2 分鐘後加入 1 大匙奶油幫助上色，焦黃即可翻面，再煎 1~2 分鐘起鍋。

3 / 煎蝦的同時製作香蒜醬汁：另起一小鍋，加入剩下 2 大匙奶油，融化後倒入蒜片炒至焦香，擠入半顆檸檬汁，撒香菜末。

4 / 煎好的明蝦淋上香蒜醬汁，用剩餘的檸檬切片和香菜葉點綴即可。

蝦頭蝦殼都是寶貝，千萬不要丟掉！

我的冷凍庫裡有個保鮮袋，專門收集蝦頭蝦殼，等裝滿一大袋就用來煮蝦高湯：熱油鍋炒香 1 大把切碎的小紅蔥，接著加入蝦頭蝦殼拌炒至變色，倒入半碗雪莉酒或紹興酒，大火揮發，等香氣四溢再倒入清水蓋過，煮開後轉小火燉約 20 分鐘，過濾即為蝦高湯，可用來調配所有海鮮的醬料和湯底。如果加番茄和鮮奶油燉煮至濃稠，再加魚蝦肉煮熟，鹽、胡椒調味，入果汁機打碎就是很豪華的法式海鮮濃湯（soupe de poisson）。

椒鹽炒魷魚

Salt & Pepper Squid

　　除了專業廚師之外，我很少認識五十歲以下的人知道怎麼處理魷魚。這是一個很嚴重的技術代溝，我認為有心學做菜的人都應該致力彌補。魷魚、墨魚、花枝、章魚都屬於所謂的「頭足綱」（Cephalopod），意思是頭臉直接長在腳上，身體反而在頭的另一端。清洗時必須把頭腳和身體分開，切除中央的眼睛、噴嘴和墨囊，還有身體內部的透明支骨與肚腸。這聽起來或許有點噁心，但其實兩三下就可以處理完，比牛豬雞鴨容易太多了。一旦認識頭足綱魚類的構造，從此再也不用依賴市場裡已經處理好卻不知是否新鮮的魷魚、墨魚，烹調起來更鮮更脆，是技藝精進必經的一個里程碑。

材料

中小型魷魚：約 4 隻

大蒜：1、2 瓣，切片

辣椒：2、3 根，切片

青蔥：2、3 根，切中段

鹽：適量

花椒粉：適量

油：1 大匙

補充

1 處理的時間若稍長，魷魚必須放在冰塊上保鮮以免產生腥味。

2 跟之前介紹過的「章魚沙拉」一樣，魷魚烹調也是非快即慢，要不大火快炒，要不細火慢燉，不快不慢就只能嚼橡皮。

3 魷魚如果不想切花，也可以在取除身體內的軟骨並沖洗肚腸後，直接橫切成圓圈狀，就是所謂的小卷、中卷、大卷。或者也可以在清洗好的完整身體內填塞餡料烹調。

做法

1 從頭足部位連肚腸一同拉出，在眼睛底下靠腳爪的一端切一刀，上端部分可丟棄，下端腳爪擠一下取出中央噴嘴。如果魷魚體型較大，腳爪部分再分切兩半，特長的兩隻腳切短，可參考圖示如下：

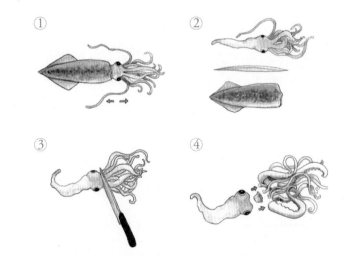

① ② ③ ④

2 將魷魚內部透明骨頭拉出，接著從身體一側像開信封一樣切開攤平，肚腸清除乾淨，尾端的兩翼用手撥下，紫紅色皮膜可剝除亦可保留，裡裡外外徹底擦乾。

3 魚身內側用刀尖割輕輕劃出菱形紋，再切成 5 公分大小的塊狀。

4 大火起油鍋，爆香蒜片、辣椒，再加入魷魚拌炒。撒鹽、花椒粉、加入蔥段拌炒至魷魚片卷曲即起鍋。

不可或缺的烤箱

傳統中式與西式廚房最大的不同就在於，西式廚房的靈魂是烤箱，而中式廚房通常只要有爐台加電飯鍋就好了。像我爸媽家，十多年前裝修廚房時心血來潮在瓦斯爐下加了個內建烤箱，用了幾次不知為什麼故障了，懶得修理就乾脆用來收納鍋子，多年來只有我一個人喊可惜。國人一般認為烤箱是做西點麵包的，跟家常菜沒關係，又佔空間，所以可有可無。其實烤箱的用途又多又廣，而且與其他烹調法比較之下有其優勢。

1 / 烤箱的兩大優勢

① 烤箱是唯一可以在無油煙狀態下製造出焦脆效果的烹調法

食物的焦脆口感來自兩種化學作用：「梅納反應」（Maillard reaction）與「焦糖化」（caramelization），前者適用於蛋白質和澱粉類食物，如金黃的烤肉和酥脆的烤吐司，後者適用於糖類，如表面焦褐黏手又甜香撲鼻的烤番薯，或是因為刷了麥芽糖而烤得更香更脆的吊爐烤鴨。焦脆口感幾乎人見人愛，食物在受熱歷經梅納反應或焦糖化之後，原本的組成分子會產生數百種不同的副產品與新的分子結構，以致質地和香味都變得比原來更豐富濃郁有層次。這也就是為什麼烤番薯比煮番薯香，烤吐司比白吐司香的緣故。

梅納反應和焦糖化都必須在高溫下才能進展，前者始於120℃，後者始於165℃。也就是說，兩者必須在乾熱沒有水分的環境裡才可能發生，因為水的沸點是100℃，所以只要水沒有蒸發完，不管怎麼加熱也不會超過100℃。以一般家用烹調法看來，乾煎和油炸是導致焦脆褐化最常見的方式。烤箱和前兩者的一大不同在於它的熱源不直接接觸食物，而是靠加熱後四處流動的空氣間接烘烤食物，讓食物逐漸均勻地增香上色。這一來不容易一不小心把食物燒成焦炭，二來不費油，可以在乾乾淨淨的烹調過程中享受不斷傳來的噴香氣息，完成焦脆美味的成品。

　　爐台上的烹調礙於鍋子和熱源的大小，一次能製作的分量有限。烤箱則不然，即使偏小的尺寸也比一般家用鍋子大，而且全面受熱。用鍋子烙餅一次一張，用烤箱烤餅則三張起跳。用鍋子蒸全魚常煩惱頭尾塞不進去，用烤箱烤全魚則輕鬆進出。說真的，只要人多的時候我做菜都大大依賴烤箱。箱門一關不用擔心油煙沾到頭髮上，油花濺到衣服上，也不用急著翻面、攪拌，絕對是懶人的好幫手。

2 / 了解烤箱

・內部結構

　a. 上下兩端熱源，鐵條一樣的金屬加熱時會變成紅色。

　b. 風扇裝置（英文稱作「convection」或「fan-forced」），能幫助火力更均勻更有效率地傳導至每個角落。本書裡的烤箱食譜都是開了風扇做的，如果你的烤箱沒有風扇裝置，最好把我標明的溫度調高 10℃，烘烤時間也可能需要增加 20%。

　c. 一般家用烤箱一次只需設定一個統一的溫度，上下火不能分別控制。溫度調整好後不是立刻達到那個火力，所以務必先「預熱」。通常等指示燈熄滅了，就表示溫度已達到設定值。

d. 單獨使用上火的功能稱為「broiler」，它的特性是在很短的時間內達到最大火力，所以幾乎不需要預熱，且火力永遠設定於最大。使用 broiler 的目的是要快速的讓食物表面產生梅納反應或焦糖化，比如做焗烤通心粉時，烤盤裡的通心粉已煮熟，上面淋了奶醬和乳酪後，可以利用 broiler 在短短一分鐘內達到焦褐的狀態。為此鐵架必須移到最上層，讓食物非常貼近上火，大約 2、3 公分左右的距離為佳。

‧ 火力控制

　　新手使用烤箱，最大的疑難通常在於不知如何掌控火力，畢竟不像爐火那樣清晰可見，對食物的加熱也沒有那麼快速直接。烤箱上的溫度刻度到底代表什麼，在此我整理出一個對照表：

	攝氏	華氏
微火	120	250
小火	160	325
中小火	180	350
中火	190	375
中大火	200	400
大火	230	450

　　一般說來，火力越大，烘烤的時間就越短；火力越小，烘烤的時間就越長。什麼時候用大火，什麼時候用小火，取決於食材的大小和種類。食譜如果指定用 120℃ 烤 2 小時，絕對不是提高溫度至 240℃ 就可以節省一半時間。

　　以餅乾為例：溫度較高、時間較短的烘烤，會導致表層焦脆內部較濕軟的質地。若溫度較低、時間較長，則裡裡外

外都色淺質硬。這是因為短暫的高溫會使餅乾表面焦化，而內部水氣還來不及蒸發；長時的低火力則慢慢蒸發麵糰裡所有的水氣，外層又達不到焦化門檻的緣故。

以肉為例，多筋多肥的部位（如肩頸腿膝），需要較小火長時烘烤，才能破壞其膠原組織，使肉質軟爛；少筋少肥的瘦肉（如胸脯、里肌），則需要較大火短時烹調，以免乾硬如柴。為此，烤雞腿的溫度時間絕不適合用來單烤雞胸，而烤有胸有腿的全雞則又需要用兩方折衷的溫度與時間。

烤箱用久了你會發現，大部分的食譜要求溫度設定於170~220℃ 的中間值。低於這個範圍大多是為了長時慢燉或烘乾食材，而高於這個範圍的設定通常是用來烤含水量特高的麵糰，或是使食物表面快速焦化。

包括剛開始下廚的我在內，很多人都把烤箱食譜看作神聖不可侵犯的指令，即使眼看餅乾就要烤焦了，也不敢提前出爐，只能乖乖地等計時器嗶嗶作響，然後眼睜睜看著餅乾付之灰燼。其實烘烤的過程中有許多變化值，比如烤箱溫度是否準確、食物切割的大小厚薄、靠近熱源的距離⋯⋯等等，所以烤東西時一定要相信自己的感官，不能盡信文字。如果食譜上建議用 180℃ 烤餅乾 10 分鐘，你卻早在第 7 分鐘聞到濃濃奶蛋香，然後看到餅乾邊緣開始變焦黃，那麼可能你的烤箱偏熱或者餅乾偏小，請立刻出爐。同樣的，如果食譜裡建議一隻雞烤 60 分鐘，時間到了你看顏色還很淡，香味不濃，一戳之下發現還淌著粉紅色血水，那麼肯定還沒烤夠，可能是因為你買的雞比較大，或者冰了太久內部溫度較低的緣故。

3 / 烤箱選擇

常有人問我買烤箱要選什麼牌子的。在我看來，烤箱必須做到的就是要穩定均勻加熱，所以牌子沒那麼重要，重要的是以下三項考量：

· 熱源是否平均

有些小型的烤箱上下各只有一兩條加熱的鐵條，食物靠近鐵條容易燒焦，靠邊的則不易烤熟。鐵條熱源如果多一點，分置上下左右，預熱後溫度比較平均並穩定。

· 是否有風扇裝置

風扇有助烤箱裡的熱力對流，能更有效的傳導至每個角落，使食物更快更均勻地烤至理想狀態。這個功能通常在面板上可以選擇開關，而我個人一般不管烤什麼都選擇打開風扇，建議大家選擇具有這項功能的烤箱。

· 容量越大越好

容量大不僅影響單次烘烤食物的分量，也有助熱力的均衡穩定。我常聽網友們抱怨說他明明遵照食譜指示，食物卻很快就燒焦了。這通常是因為他們的烤箱很小，食物若稍微有一點厚度則太貼近熱源，直接受熱的部分當然容易燒焦，這時就有必要用鋁箔紙覆蓋表面。當然這不是不能解決的大問題，在空間允許的狀況下，我認為還是選擇較大的烤箱為佳。

其餘的就都是錦上添花了。像那些蒸烤功能、電子預熱、時間到自動關火等設定，我都不曾在家享受過。一來因為我嫁雞隨雞必須常常搬家，世界各地的房子都是公家安排的，廚房總附帶烤箱，但品牌無從選擇，規格多半陽春。二來我樂於分享食譜，如果烤箱太專業，非得設定用蒸汽或各項微調功能，那麼寫出來的食譜就沒有大眾分享價值了，不是嗎？要知道，世界上幾乎所有寫食譜的人都用最大眾的烤箱功能來測試他們的食譜，所以如果你參考一般食譜，那些高科技的烤箱功能根本用不上。

使用烤箱跟在爐台上煎煮炒炸一樣，說穿了不過就是加熱烹熟食物，過程中必須注意食物受熱後的變化，而不是盲目遵循某個特定的溫度和時間。透過烤箱的玻璃門，你看得到蛋糕膨起、根莖蔬菜起皺褶變焦褐、金黃的烤雞皮底下汁水流竄……湊上耳朵，或許還聽得到油脂在高溫下滲出的滋滋聲響；而即使你遠遠的坐在隔壁房間打電腦，也絕對逃不掉烤箱裡冒出來的陣陣香氣。久而久之，你光是聞香就知道，肉烤得差不多了、餅乾可以出爐了。

蝴蝶烤雞

Roasted Butterflied Chicken

　　我真心認為每個愛做菜的人都應該學會如何烤全雞，最好熟練到不看食譜，隨時買 1 隻雞就可以烤得香噴噴。理想的烤雞必須皮脆、肉嫩、多汁，為達到這個狀態，我有兩個訣竅：一是 120 頁提到的「鹽漬法」，二是開背。所謂「開背」就是把雞的背骨剪掉，整隻雞打開攤平，英文稱這手續是「to spatchcock 」或「 to butterfly a chicken」，把雞整理得像蝴蝶展翅一樣，大幅減低厚度，在烤箱裡受熱更均勻；雞皮全部朝上，得以充分受熱變焦脆。如此一來烤全雞的火力可以增強，時間幾乎減半，不僅達到理想的金黃脆皮，也不給精瘦的雞胸變乾變老的機會。

材料

雞：1 隻（約 1.5 公斤重）

大蒜：2 瓣

匈牙利紅椒粉：1 大匙

橄欖油：1 大匙

鹽：適量

沒有烤箱也能烤雞！

若無烤箱，開了背的雞亦可用平底鍋做出「義式磚頭燒雞」（pollo alla diavola）。做法如下：平底鍋中火預熱。雞皮面朝下放入鍋內，上方壓一個包了錫紙的磚頭或重物（如沉重的鍋子，裡面還可以再加本大字典），用中偏小火煎 10 分鐘後翻面，以同樣方式再煎約 10 分鐘直到表面金黃，雞腿能輕易扳動為止。熟透後再翻面煎 1-2 分鐘，使皮面焦脆即可。

做法

1. 開背：買來的雞若仍有頭腳，先切下來備用。觀察雞身，肉豐厚的那面是胸，多骨的那面是背。背脊骨兩邊各是一排細小肋骨，沿著脊骨的左右兩側以剪刀依序剪開（取下的骨頭可以和頭腳一起保留用來燒高湯）。剪開的雞攤平翻面，兩胸之間的軟骨如果明顯向上隆起，用手掌下緣重重施壓，直到感覺到胸骨破裂，全面攤平為止。洗淨擦乾。

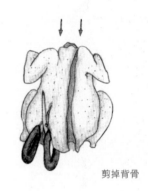

剪掉背骨

2. 醃漬：大蒜和匈牙利紅椒粉放入缽中搗碎磨勻，加橄欖油調拌成濃濃醬料。手指伸入雞皮下方，將皮與肉稍微撥鬆後，塞入備好的醬料，剩餘油脂塗抹在表皮上。接著均勻於表面撒鹽（約需雞肉 1% 重量的鹽），不加蓋冷藏風乾 4 小時至隔夜。

3. 烤箱預熱 220℃，醃漬好的雞肉提前從冰箱取出回溫。表面可以再抹一點橄欖油。

4. 雞皮面朝上放入鋪了錫箔紙的烤盤中，進烤箱烘烤約 30 分鐘，直到表面金黃，雞腿能輕易扳動為止。出爐後從胸骨之間對半切開，就是兩份漂亮的烤半雞。

補充

1 如果選用體型嬌小約 750 克的春雞，即使現場撒鹽不鹽漬也能入味，大約烤 20~25 分鐘就夠了。如果用 2 公斤以上的大雞，烘烤時間則要增加為 40~60 分鐘，直到表面金黃，香氣撲鼻，雞腿能輕易扳動就是烤好了。

2 如果不喜歡或買不到紅椒粉，也可依個人喜好調味，比如用五香粉或孜然替代，或改以大蒜、檸檬皮和迷迭香等等。

坦督里咖哩烤雞腿

Tandoori-style Curry Chicken

　　這道菜的做法是參考我特別鍾情的北印度式坦督里烤雞（Tandoori chicken），融合了芫荽、孜然、紅椒、肉桂、丁香、大小豆蔻等十來種香料，與無糖優格調拌成醃料，使雞肉軟化且入味，最後在超高火力的土窯裡烤至噴香微焦，聞之無人不癡迷，香氣沾在衣服頭髮上久久不散。由於國內不容易買到調配好的坦督里混合香料（Tandoori spice mix），自行調配所需的香料種類也實在太多，我試著用咖哩粉做了這道類似的版本，效果不錯。但如果你買得到坦督里香料粉，用它做正宗紅豔豔的烤雞當然更好！

材料（4 人份）

雞腿：4 隻

鹽：約 1 茶匙（5 克）

咖哩粉：2 大匙

原味無糖優格：2 大匙

青檸汁：1 大匙

洋蔥：1 顆，切大塊

（沿經線剖半，每半塊再切成連莖不斷的 3、4 大片。）

奶油：2 大匙（約 30 克），放至融化

這是用正宗坦督里香料粉烤出來的，色澤紅豔。

做法

第一天

雞腿去皮，分切成上下腿，每塊雞肉表面深深的切兩刀直到見骨。均勻抹上鹽和咖哩粉，拌入無糖優格與青檸汁，冷藏醃製一天。

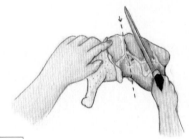

只要沿著雞肉表面一條近乎垂直的白色脂肪線條下刀，就可以輕易避開骨頭，將整隻雞腿分切成上下腿。

第二天

1 / 烤箱預熱 220℃ 。

2 / 烤盤上薄薄抹一層油，雞腿刮掉多餘的優格醬平鋪烤盤上，大塊洋蔥散放其間，均勻淋上融化的奶油。

3 / 送入高溫烤箱烘烤 40~50 分鐘（中途可轉一次烤盤以確保受熱均勻），直到香氣撲鼻，雞腿表面有一些焦黑斑點即可。建議搭配香料飯（185 頁）和類似印度烤餅的口袋餅（227 頁）食用。

補充 ————

印度人一般不吃雞皮，所以最好剝除。沾附在雞肉表面的香料優格在烘烤後會產生類似脆皮的效果。

五香烤肋排

Roasted Five-Spice & Soy Glazed Pork Ribs

　　我認為這道菜完全體現烤箱的便利性以及和中菜天衣無縫的結合。肋排僅需要拌醃料與送入烤箱，不到 1 小時就能烤得表面金黃，內裡熟爛，還裹著晶亮醬汁。橙汁的作用是提供水分、糖分和解膩的酸香，倒不是要吃到橙味。另外提醒大家無論如何不能省略紅糖，因為足夠的糖分是醬汁焦糖化變濃稠的關鍵，最後口味很平衡，不會太甜。整道菜一滴油都不必加，多餘油脂還會在烘烤過程中自行瀝出，讓我感覺肋排和烤箱的組合實在太善解人意了！

材料

長條豬肋排：8~10 隻

五香粉：適量

醬油：50 毫升

柳橙汁：50 毫升

紹興酒：2 大匙

紅糖：2 大匙

薑末：2 大匙

蒜末：1 大匙

做法

1 / 烤箱預熱 200℃。

2 / 肋排洗淨放入中型烤盤，表面均勻撒上五香粉。醬油、紹興酒、橙汁、紅糖和薑蒜拌勻，淋在肋骨上醃 30 分鐘（烤盤底部醃料應有約 0.5 公分高，如果不到這個高度就表示烤盤太大了，醬汁不集中容易烤乾。如果只差一點點，可以加水補足，但差太多就非得換烤盤了）。

3 / 醃好的肋排放入烤箱，30 分鐘後取出翻面，再烤約 20 分鐘，直到肋排表面金黃，盤底醬汁濃稠。出爐後每根肋排在盤底滾一下，裹上濃稠醬汁即可盛盤。

補充

肋排有很多種，我認為做這道菜最理想的部位是靠近五花肉邊上的「腩排」，肉比較多也帶點肥油，烤起來比較香。另外也可以選用美式切法連結一整排的肋骨（baby back ribs），一排通常有六根，烤之前每兩根骨頭切成一塊，這個醃料的分量烤兩大排差不多正好。

地中海式香料烤魚

Mediterranean Style Roasted Whole Fish

　　烤箱是我料理整條魚的利器，因為夠大，不用像在爐台上煎魚或蒸魚那樣，擔心頭尾塞不進鍋子裡，而且也不怕魚皮沾黏。火候掌握上，西式烤全魚的原則是每 1 英吋厚度（2.54公分）需要以中大火烤 10~15 分鐘。一條體型中等的鱸魚中央最厚的部分大約 4~5 公分，所以烤 20~30 分鐘可以達到表皮焦香，魚肉鮮嫩的理想熟度。

　　我用最經典的地中海式海鮮調味，只有鹽、胡椒、大蒜、檸檬、香草和橄欖油。國人認為燒魚一定要用蔥薑蒜和料酒去腥，而西方人普遍認為魚類烹調少不了檸檬增香提味，我覺得也很有道理。我在魚的底下墊了馬鈴薯薄片，一大盤烤出來有魚有菜，豐富又方便！

材料

中型馬鈴薯：4~5 顆

鱸魚：1 隻（約 400 克），請魚販清腸去鱗

大蒜：1 瓣，切片

檸檬：1 顆，刨檸檬皮備用，之後切薄片

黑胡椒：適量

鹽：適量

橄欖油：約 2 大匙

西式香草：1 把
（如百里香、迷迭香、巴西利）

做法

1 / 烤箱預熱 200℃ 。

2 / 鱸魚洗淨擦乾，兩面各斜斜的劃兩、三刀。魚身均勻的抹約 1 大匙橄欖油，然後大方的撒鹽和胡椒，尤其在切痕處可以多塞一點，使其入味。

3 / 蒜片塞入魚肚與切縫裡。新鮮香草和檸檬片也塞一些入魚肚，剩餘備用。準備好的魚先放入冰箱冷藏。

4 / 馬鈴薯不削皮，洗淨後切成 5 公釐薄片，隨後放入鍋裡加冷水蓋過，水煮開轉小火再煮 5 分鐘，直到半熟。取出以冷水沖涼，瀝乾，放入大碗以鹽、胡椒，和刨下來的檸檬皮與橄欖油拌一拌。

5 / 烤盤上抹一層橄欖油以防止沾黏。馬鈴薯一片片疊放鋪排於烤盤，魚擺其上。之前預留的香草和檸檬片也均勻擺放於烤盤中。

6 / 放進烤箱烘烤 20~30 分鐘，直到魚身切縫處裂開，魚肉明顯轉白即可。

補充

1 如果可能的話，盡量選用粗一點的鹽烤魚，這樣烤出來焦黃又顆粒分明，不僅有種粗獷美感，口感也比較脆。

2 墊底的馬鈴薯可以用其他蔬菜替代，如番茄、櫛瓜、甜椒……等等。易熟的蔬菜不需要先燙過，切片的時候也可以稍微切得厚一點，調味好直接放入烤盤就可以。

李子烤鴨腿

Slow Roasted Duck Legs with Plums

　　我所有的視頻裡，點擊和試做頻率最高的就是一道「番茄大蒜烤雞腿」。那是 Jamie Oliver 的食譜，做法無比簡單，成果卻出奇美味，做過吃過的人都讚賞不已。但既然我只是照本宣科，這裡不好意思拾人牙慧，於是變通一下，分享一道原理相同的變奏版：雞腿換成鴨腿，番茄換成李子，大蒜換成小紅蔥。由於鴨腿比雞腿肉更結實，筋更多，皮更肥厚，烘烤時間相對加倍，從 90 分鐘延長至 3 小時，溫度則從 190℃ 調降至 160℃。期間鴨皮慢慢釋出油脂，變得金黃薄脆，盤底的李子受熱軟化出水，慢慢「燉煮」鴨肉且與肉汁和香料融合成甜酸帶點鹹味的濃濃果醬。最後成品骨酥肉爛，類似法式油封鴨（confit de canard），但省下了熬鴨油的動作，而且連醬汁都一起做好！整個過程完全不費力，只需要耐心等待，最適合閒適的週末午後。

材料

李子：約 10~15 顆，剖半去核

薑泥：1 大匙

小紅蔥：1 把，去皮切半

紅糖：1 大匙

鴨腿：4 隻

橄欖油：少許

鹽：1 茶匙（5 克）

黑胡椒：少許

五香粉：少許

百里香：2、3 株

做法

1 / 烤箱預熱 160℃ 。

2 / 剖半去核的李子拌入薑泥、小紅蔥、紅糖，平鋪於中型烤盤（或直徑約 25 公分可入烤箱的平底鍋 ）上。最好能塞滿盤底，否則烘烤時，汁液容易燒乾。

3 / 鴨腿洗淨擦乾，皮面抹少許橄欖油，均勻撒上鹽、胡椒、五香粉，皮面朝上平放於李子上 。百里香葉片剝下，均勻撒在烤盤中。

4 / 放入烤箱（無需加蓋）慢火烘烤約 3 小時，直到皮酥肉爛。

Part. 03

麵飯＆蔬食配菜
Starch, Vegetable, Side Dish

味覺的
減法與加法

　　記得十多年前我剛開始摸索下廚時，做菜毫無章法，唯一的自創原則就是：一切從爆香蔥薑蒜開始。那時「蔥薑蒜」在我看來是神聖不可拆解的三位一體，油鍋裡大火釋放出來的香氣是安撫留學遊子的故鄉味道，無論對付豆腐、茄子，還是牛豬雞肉都好，加了醬油或豆瓣醬更是所向披靡，總之做起來爽快，吃起來下飯，於是就不假思索的反覆為之。

　　直到有一天，手頭的薑蒜剛好用完，只剩下一把蔥，一塊豆腐。我很彷徨的把切了段的青蔥下鍋油煎，正擔心味道不足，卻猛然被一股奇香震懾到，這……可不是「蔥油餅」的香氣嗎？說來難為情，我吃了大半輩子的蔥油餅，竟然笨到不知所謂「蔥油」就是蔥花炸出來的油；而那油不只是麵餅的絕配，用來拌麵、燒豆腐，或是淋在海蜇皮、白斬雞上都好，竟然與三位一體的蔥薑蒜如此不同，是非常具有獨立人格的辛香料[1]。

　　從此我迷上了味覺的抽絲剝繭，先是用鼻尖口舌奠定了薑、蒜的獨立地位，然後又一一去認識醬油、烏醋、白醋……甚至是不同的食用油（如花生油、大豆油、菜籽油等等）對於炒菜成品的細微影響。遇到綜合性的香料，比如說「五香」，我開始留意到底是哪五香？花椒、肉桂、八角、丁香、小茴香……原來卡布奇諾裡的肉桂粉也出現在我的滷豆干和香雞排上啊！花椒和八角我似乎認識，但丁香和小茴香又長什麼模樣，各自是什麼味道呢？

　　我去唐人街和超市的香料櫃考察，買了瓶瓶罐罐的整顆粒香料回家，分別用爐火小量烘烤，或是浸泡入溫油裡以釋放精油香氣，這才終於認識了丁香的濃沉和小茴香類似甘草的微甜。接著我試著在餃子餡裡加一匙花椒油或碾碎的小茴香，在紅酒燉肉裡加一根肉桂或兩粒丁香，在烤番薯或熬糖水的時候加一顆八角……實驗結果並非盡如人意，卻總有新的領悟，也常能製造一股若有似無，讓朋友們摸不著頭緒的味覺驚喜。

減法做多了，忍不住也會排列組合，玩不同的加法。比如我發現迷迭香搭配檸檬後香氣加成；芫荽籽加上新鮮橙皮和百里香讓我遙想地中海；紅蔥頭用豬油酥炸很閩南，用紅酒和黃芥末熬煮很法國，配上魚露和香菜又很越南；孜然若單獨使用很新疆，加了辣椒和青檸就十足墨西哥，調配芫荽籽和薑黃又化身正宗咖哩。

　　多年來的廚房實驗讓我深深體會，當兩種以上的辛香料調和在一起時，味道往往出人預料，甚至讓其中的獨立成分完全不可辨識。像我媽媽從來不吃孜然，嫌味道羶腥，但同時她又酷愛咖哩，說那香氣迷人，殊不知常見的咖哩粉裡有大半的成分是孜然，媽媽長年大啖其香氣而不覺。所以說，運用香料時一加一不見得等於二，再加一還可能變成五百八十七，其中變化微妙多端，非得放開心胸用感官親自體驗。

　　法國名廚 Olivier Roellinger 幾年前震驚世人的收掉了他的米其林三星餐廳，轉型開了一間小小的香料店，每天沉浸

於對單一香料的搜尋鑽研（比如不同品種出處的胡椒），以及對不同香料的傳統與創意調配。隨意瀏覽他網站[2]上對各種配方的描述，很難不意亂情迷。比如名為「陰影之粉」的 Poudre d'Ombre 裡配有陳年普洱茶、肉荳蔻、黑胡椒和肉桂，說是具有菌菇大地的氣息，適合搭配野雉、鴿子、或栗子泥；名為「海王星」的 Poudre de Neptune 配有蒔蘿、茴香、八角、海藻，據說讓大廚想到家鄉布列塔尼的海岸，適合搭配所有魚貝類。

神往之際，我也開始在心底尋覓起記憶深處的可食香氛：桂花、酒釀、芝麻、豆豉、梅乾菜……在味覺的減法與加法中回顧過去，開拓無限可能的未來[3]。

---

1 在英文中，辛香料有 spices 與 herbs 的區別：前者來自香氛植物的種子、果實、根或莖，通常以乾燥的方式呈現，如胡椒、丁香、肉桂；後者則指的是植物的草葉部份，如蔥、百里香、迷迭香。在此我將兩者混為一談，甚至加入醬油、豆瓣醬等具有特殊香氣的調味料，一併談談「味道」的可能性。

2 http://www.epices-roellinger.com。

3 嗅覺研究專家瑞秋 · 赫茲（Rachel Herz）在《氣味之謎》（*Scent of Desire*）一書中以科學實驗證明，氣味可以喚醒記憶，而嗅覺更可說是慾望的中樞感官。套用在美食的體驗上，嗅覺大幅提升用餐的愉悅與多樣性，幫助我們分辨蘋果、馬鈴薯和大蒜有什麼不同；也就是說，如果失去了嗅覺或是捏著鼻子吃飯，結果多半是食不知味呢！

蒜香白酒蛤蜊麵

Pasta with Clams in White Wine Sauce

　　曾有人問我這世上最「鮮」的食材是什麼，我想了想，回答「蛤蜊」。因為除卻發酵食品，一般富含鮮味的食材如番茄、香菇、肉、魚……都需要額外加鹽調味，否則本身鮮味顯不太出來。唯獨蛤蜊不只肉鮮，殼內同時帶著鹹鹹海水，光用清水煮熟就滋味飽滿。所以說烹調蛤蜊越簡單越好：先炒香一點薑或蒜，加料酒煮開，讓蛤蜊天然的鹹鮮融入酒水湯汁，再妙不過。這裡我們用比較義大利式的做法，最後把八分熟的麵條倒回蛤蜊汁內，讓麵條充分吸收鮮美精華，更讓人胃口大開。

材料（4 人份）

新鮮蛤蜊：500 克

義大利麵：400 克

大蒜：2~3 瓣，切片

辣椒：2~3 根，斜片

檸檬汁：1 大匙

白葡萄酒：1/2~2/3 杯（120~180 毫升）

奶油：1 小塊（約 15 克）

巴西利：1 把

黑胡椒：適量

做法

1　水煮開放入一把鹽及義大利麵，煮至九分熟（依包裝指示分鐘數減 1 分鐘），撈起以少量橄欖油拌勻備用。

2　炒鍋以中大火預熱，加入 2 大匙橄欖油，放入蒜片辣椒炒香，隨後放入蛤蜊、檸檬汁、白酒。轉大火煮開，蓋上鍋蓋轉中小火煮約 5~7 分鐘，偶爾搖動鍋子直到每顆蛤蜊都打開。不打開的就丟棄。

3　放入麵條、奶油、黑胡椒，攪拌均勻，蓋鍋蓋小火悶煮 2 分鐘，讓麵條吸收蛤蜊汁的鮮香，最後加巴西利拌勻起鍋。

補充

1 新鮮蛤蜊請放於鹽水而非清水中吐沙。如果確定很乾淨不需吐沙，買回來放在大碗裡，上面鋪濕布冷藏保鮮，不要封保鮮膜。

2 白酒用什麼產地酒種都可以。

3 如果講究一點，蛤蜊煮熟開殼後可以全數撈出，保留幾顆完整的，其餘掏出蛤蜊肉備用。等麵條回鍋入蛤蜊汁裡煮好以後，再把掏出的肉拌回去，盛盤時每一份加幾顆帶殼蛤蜊裝飾。

煙花女義大利麵

Pasta alla Puttanesca

　　這道麵有個比較粗俗的名字：puttanesca，在義大利文裡是婊子、妓女的意思，我們稍微文雅一點翻譯為煙花女。取這個名稱可能因為它辛香酸辣，口味特別豪放，而且據說因為做法快速簡單，女郎們忙著接客之間的空檔也做得出來。食材的部分國人或許不太熟悉，但其實都是義大利尋常人家櫥櫃裡常備的乾貨罐頭，也就是說冰箱裡空空如也的時候最適合煮這道麵。其中鯷魚（anchovy）、橄欖和酸豆（caper）都是醃漬發酵食材，味道鹹而鮮，所以不需另外加鹽。這三樣食材在超市裡通常擺在很靠近的櫃位，非常建議大家買來用用看，可以成為做西餐增加鮮味的秘密武器。

材料（2 人份）

橄欖油：4 大匙

中型大蒜：4 瓣，切片

辣椒粉：1 茶匙（或應個人喜好）

鯷魚：8 片，切碎

酸豆：1 大匙

黑橄欖：1 把，對半切

小番茄：20~30 顆，對半切，或用 1 罐約 400 克的番茄罐頭

新鮮羅勒和巴西利：1 小把，切碎，或義式乾香草 1 茶匙

義大利麵：2 大把（160~200 克）

帕瑪森乳酪：適量

做法

1 / 清水煮麵，水滾後先加一把鹽，放入義大利麵並依包裝指示煮至彈牙熟度。

2 / 另起一鍋倒入橄欖油炒香大蒜，加入乾辣椒、鯷魚、酸豆、黑橄欖和番茄拌炒，中大火煮至番茄軟爛出水，醬汁轉濃。如果覺得太乾，就加幾勺煮麵的鹽水繼續煮幾分鐘，撒黑胡椒和香草增添風味。

3 / 義大利麵煮好後濾掉水分，麵條加入醬汁拌勻，盛盤後撒一點帕瑪森乳酪即可。

補充

1 我個人偏好希臘的 Kalamata 品種黑橄欖，入菜味道特別香，如果買整顆的必須先去核。

2 鯷魚受熱會化開，最後只吃得到鹹香，跟廣式鹹魚炒飯裡的鹹魚一樣是看不見的。

3 如果真的都買不到這些特殊食材，或許可以用豆豉替代黑橄欖、泡缸豆替代小酸豆、蝦醬或丁香魚乾替代鯷魚，搖身一變為中式煙花女麵！

培根蘆筍雞蛋義大利麵

Pasta alla Carbonara

　　Carbonara 是一道很經典的義大利麵，帶有奶白色的濃濃醬汁，很多餐廳裡用鮮奶油製作這道奶醬，其實根本不必。傳統 Carbonara 奶醬的濃稠度來自於生雞蛋和熱麵條接觸時產生的反應：燙至半熟的蛋汁變濃又不至於凝結，雞蛋裡的脂肪同時和麵條的水分進行乳化，再加上遇熱融化的帕瑪森乳酪，碗裡轉眼就出現絲滑的奶醬，像變魔術一樣。

　　我添加了兩樣非傳統食材：蘆筍和白酒。前者是為了增添一點綠意和清脆口感，後者則是我跟一位義大利大廚學來的妙招，利用葡萄酒的酸香平衡奶蛋汁的濃郁，吃起來更鮮香不膩口。另外提醒大家一定要用真正的帕瑪森或佩克里諾乳酪（Pecorino-Romano），兩者都是長時發酵的乾酪，帶有獨特鹹香，奶味反而不重。義大利菜一般食材簡單，所以更特別講究品質。如果隨便使用其他種乳酪替代，或是買廉價的罐裝粉末，最後口味會大打折扣！

材料（4 人份）

帕瑪森乳酪或佩克里諾乳酪：刨絲後約半碗

雞蛋：2 顆，擺放至室溫

大蒜：2 瓣，切薄片

培根：8 片，切小丁

蘆筍：6 根，斜切薄片，尾端粗硬部分不用

義大利麵：320~400 克

（如 spaghetti, linguini, tagliatelle）

鹽：少許

橄欖油：1 大匙

黑胡椒：適量

白葡萄酒：1/4 杯

做法

1　清水煮麵，水滾後先加 1 把鹽，放入義大利麵並依包裝指示煮至彈牙熟度。煮麵的同時準備以下步驟，盡量要求麵煮好了培根蘆筍也要炒好，千萬不要讓麵條冷掉了！

2　大碗中打入 2 顆雞蛋，倒入刨絲的帕瑪森乳酪後攪拌均勻。

3　中大火熱鍋，加少許橄欖油，放入培根炒至香脆，如果出很多油可倒掉一些，保留約 2 大湯匙的油，然後盡情撒黑胡椒（這裡適合用多一些，除非不能吃辣）。

4　加入蒜片和蘆筍片拌炒至香，接著倒入白葡萄酒，稍微滾煮收汁水就可以關火。

5　炒好的培根蘆筍倒入擺了雞蛋和乳酪的大碗中，加入煮好的熱麵條連帶一些煮麵水，跟乳酪蛋汁一起迅速攪拌。如果不容易拌開就再加一點煮麵水，直到蛋汁明顯轉濃，麵條全部均勻的包覆一層絲滑醬汁為止。最後依個人口味調整鹽分與胡椒，上桌前可以再刨一點乳酪。

奶焗通心粉

Macaroni & Cheese

　　這道菜很重要的一個技巧是學習製作白醬（béchamel），是所有焗烤類菜色的基礎，必須先炒奶油麵糊再加鮮奶或高湯煮至絲滑濃稠。煮好的白醬若搭配炒軟的白菜烘烤，就是中式「奶油烤白菜」；若搭配番茄肉醬、馬茲瑞拉乳酪和麵皮層疊烘烤，就是義大利千層麵，用法千變萬化。在此搭配巧達乳酪和通心粉，是一道所有小朋友喜歡的美式家常菜。我喜歡在醬汁裡加一點法式芥末，用微微的辛辣和酸味平衡奶油和乳酪的濃郁，臨入烤箱前再撒一把調了味的麵包粉，使表皮更金黃酥脆。用湯匙敲破酥皮的剎那，看到底下蒸騰的乳酪通心粉咕嚕冒泡，大人也難以抗拒啊！

材料（4 人份）

通心粉：350 克

奶油：100~120 克

麵粉：半杯（70 克）

牛奶：3 杯（750 毫升）

高湯：1 杯（250 毫升）

巧達乳酪：1 塊（約 220 克），
刨絲

法式芥末醬：1 大匙

白胡椒：少許

粗麵包粉：半碗

鹽：少許

黑胡椒：少許

橄欖油：約 1 茶匙

做法

1 / 烤箱預熱 200℃。

2 / 通心粉依包裝指示煮至八分熟（包裝指示時間約減 2 分鐘），撈起過冷開水備用。

3 / 製作白醬：取一深鍋開火融化奶油，加入麵粉拌炒至滑順均勻。接著先加入 1 杯鮮奶，邊傾倒邊用打蛋器攪拌避免奶糊結塊，煮滾後再加入剩下的鮮奶與高湯，繼續攪拌直到煮滾變濃。

4 / 巧達乳酪絲預留 1 小把，其餘加入白醬裡，熄火攪拌至全部溶化後再加法式芥末醬與少許白胡椒，嚐嚐是否需要加鹽。

5 / 奶醬與通心粉拌勻，倒入烤盤盛裝約八分滿（可分裝於大小不同的陶瓷杯碗，只要能受熱至 200℃就好），表面撒上預留的乳酪絲。

6 / 麵包粉加入黑胡椒、鹽、橄欖油，用手抓勻，均勻撒在通心粉上，放入預熱好的烤箱約 20 分鐘至表面焦黃。

補充

1 巧達乳酪依熟成年份長短分為：淡味（mild）、濃味（sharp）、特濃味（extra sharp）。使用淡味乳酪製成的醬汁質地比較細滑，特濃味乳酪製成的醬汁味道好但容易呈顆粒狀，所以建議折衷採用濃味巧達乳酪。

2 製作白醬時通常液體只加鮮奶，我用 3 杯鮮奶搭配 1 杯高湯，是為了增加鮮度並稍微減少奶味。鮮奶和高湯比例可依喜好調整。

3 使用冰液體做白醬容易導致醬汁結塊，所以最好先從冰箱裡取出牛奶和高湯使溫度降至室溫，或稍微煮至微溫即可。

4 烤好的器皿溫度高，上桌前務必加底盤，以避免食用時燙傷。

蔥油拌麵

Shanghai Style Noodles with Aromatic Scallion Oil

　　這道蔥油拌麵是跟我們住上海時孩子的保姆孫阿姨學的，吃過的人都說好，難以想像這麼陽春的組合竟能造就如此豐富的味道。蔥油以小火慢熬，炸出蔥段裡的水分並讓香味徹底融入油裡，最後再加醬油和糖煮開。由於需時較長，孫阿姨建議一次多做一點，擺在玻璃罐裡冷藏，隨時想吃的時候攪拌一下凝固了的油脂，以冷油拌熱麵，比吃泡麵還方便！

材料
（一大瓶，約 10~15 人份）

蔥：1 大把

芥花油（或稱菜籽油）：1 碗

醬油：1 碗

砂糖：3 大匙（39 克）

細麵條：1 人約 2 兩（80 克）

做法

1 / 蔥洗淨後切中段，約 3 公分（如果是較粗的大蔥，蔥白部分先剖半再切段）。

2 / 油倒入鍋中，開中小火，稍候片刻即可放入蔥段，一開始看起來蔥多油少，不用擔心，蔥會慢慢縮小。2~3 分鐘後隨著油溫升高，鍋面會開始冒小泡泡，持續以這樣的小火慢炸蔥段約 25~30 分鐘，直到屋室裡瀰漫蔥香，蔥段變得乾扁金黃但不焦黑（圖示如右）。

3 / 倒入醬油與糖，煮沸騰即可關火放涼。

4 / 麵條煮至軟而不爛，約 2~3 分鐘，起鍋後每份約放入 1 大匙蔥油與些許蔥段，充分攪拌至麵條沾上醬色即可。

5 / 多出來的蔥油可放入玻璃瓶冷藏保存至 1 個月。冷藏後油脂會凝結，要吃的時候稍微在瓶子裡攪拌一下，用冷油拌熱麵就可以。

補充

1 蔥建議盡量用多一點，不只香味濃，最後拌麵時看到一絲絲焦黃的蔥段也感覺特別有食慾。上海人一般習慣用小珠蔥，但大蔥當然也可以，蔥白稍微切細一點就好了。

2 選用芥花油是因為油味不特別重，但也可以用家裡現有的任何炒菜油。

3 醬油的部分我一律只用生抽。如果喜歡醬色更深的蔥油拌麵，可以適量加點老抽調色。

4 蔥油裡也可以加炒一點開陽（蝦米），變成「蔥開拌麵」，但這樣蔥油就不宜久存，少做一點。

5 如果新鮮麵條一次吃不完，建議分裝成一人的分量，用保鮮膜捲起來包覆好，然後冷凍。每次要吃的時候凍麵直接下滾水煮就好了。

涼麵

Cold Noodles with Shredded Chicken & Sesame Sauce

　　我住在上海的時候，常看到家附近一個老字號小吃店擺著一簍簍蒸好的麵條，偌大電風扇對著吹，走得熱昏頭的我，恨不得也窩進竹簍子裡享受涼風。上海人的涼麵（他們喊做「冷麵」）類似台灣的口味，只不過他們習慣用花生醬調拌麵醬汁，而我們用芝麻醬，兩種都好吃，大家可以隨意代換。涼麵的麵條，上海人吃白白的扁麵，台灣習慣用意麵或油麵，但依我個人四海為家的經驗看來，其實只要用有彈性不易軟爛的麵條，煮好放涼了都可以拌。麵條淋上濃濃的麻醬和醬醋汁，抓一把雞絲小黃瓜，吹著電扇吃最愜意！

材料（4 人份）

醬醋汁

醬油：4 大匙

白醋：1 大匙

烏醋：1 大匙

麻油：1 大匙

糖：2 茶匙（8 克）

雞粉：少許

溫水：4 大匙

麻醬

芝麻醬：4 大匙

水：4 大匙

雞粉或鹽：約 1/4 茶匙（1 克）

麵條：約 400 克

熟雞胸或雞腿：1 片，剁成絲

小黃瓜：約 2 條，切絲

辣油：少許

做法

1 / **製作醬醋汁**：醬油、白醋、烏醋、麻油混合後，加糖、雞粉，倒入溫水，攪拌溶解即可。

2 / **製作麻醬**：芝麻醬放入碗中，逐次加溫水慢慢調開，直到調成濃稠均勻的糊狀，加雞粉或鹽調勻。

3 / 準備一大碗冰水，同時燒開水煮麵，煮到熟而不爛就撈起，放入大碗中冰鎮，稍微降溫後即可分別盛入 4 個麵碗。如果不立刻使用，必須拌入一點麻油或沙拉油。

4 / 麵條上鋪雞絲、小黃瓜絲，淋上芝麻醬、醬醋汁、辣油即可。

補充

1 調芝麻醬切勿一次加入過多水，容易油水分離。另外水溫太燙或太冷都不易調開，溫水最宜。

2 小黃瓜切絲法：先斜切成薄片狀，然後像翻開的撲克牌一樣疊放成一橫排。一手壓著固定，一手使刀，就可以快速切出頭尾綠中間白的黃瓜絲（參考 71 頁「涼拌胡蘿蔔絲」）。

3 醬料可依個人喜好添加蒜末、薑末、五香粉、花椒粉。天冷的時候拌一碗熱的麻醬麵也是不錯的。

炒雪菜毛豆筍片年糕

Rice Cake with Bamboo Shoots, Edamame & Pickled Mustard Greens

　　寧波年糕是由水磨粳米蒸製而成，潔白細緻，軟糯彈牙，我從小就愛吃，但一直到搬去上海受家裡阿姨調教才發現料理起來竟那麼容易。由於年糕已是熟的，烹調時只需要軟化即可，比煮麵還快。阿姨說炒年糕最怕黏搭鍋底，所以關鍵是一定要先炒配料，加點湯水，再把切了片的年糕鋪在上頭，讓底下冒出的水蒸氣軟化年糕後再炒拌均勻。寧波人炒年糕一般搭配薺菜筍片或白菜肉絲，也有上海本幫的做法配醬燒螃蟹，都是經典美味。但老實說我覺得把年糕侷限在固定幾種搭配的框架下有點可惜，因為年糕煮什麼配料煮都能入味，和米飯一樣百搭。想吃辣的時候，我會用豆豉辣椒炒年糕，也曾學韓國人用泡菜炒，或是加入任何清湯裡變成令人飽足的一餐。這裡的做法回歸江浙口味，用隨手可得的雪菜、毛豆、筍片，以鹹鮮翠嫩搭配瑩白軟糯，頗有春夏氣息，算是小小的離經叛道。

材料（4 人份）

寧波年糕：約 400 克，切片

毛豆：剝皮後約 1 碗

油：2 大匙

薑末：1 大匙

雪菜：一株，切碎，或現成鋁箔袋裝 1 小包

煮熟的竹筍：1/2~1 根，切片

水：半杯（約 120 毫升）

鹽：少許

白胡椒：少許

麻油：1 茶匙

做法

1 / 中火熱油鍋，慢慢煸炒毛豆約 3 分鐘，再加入薑末、雪菜、筍片拌炒。接著火稍轉大，加入半杯水煮 2~3 分鐘至毛豆熟軟。

2 / 年糕平鋪在雪菜、毛豆、筍片等炒料上，轉小火蓋上鍋蓋悶煮約 1 分鐘。接著打開鍋蓋拌炒，年糕煮軟後會釋放澱粉質，使湯汁變濃有如勾芡。品嚐後調整鹽度，再加少許白胡椒和麻油拌勻即可。

補充

1 若無寧波年糕，亦可以口感相似的韓國年糕取代。

2 切片後的年糕可冷凍保存。冷凍後年糕會相黏，使用前用水沖開即可。

3 可使用罐頭或真空包裝的筍子。如果用新鮮竹筍，先連皮帶殼煮 10 分鐘，原湯水裡放涼後再剝皮切片。

4 毛豆也可以先連豆莢煮到熟（約 8 分鐘），之後再剝豆子容易許多，炒起來省時，但我通常堅持辛苦的剝生豆莢，因為阿姨說這樣慢慢在油裡煸熟的味道更香更酥。

5 醃過的雪菜已有鹹味，所以整道菜幾乎可以不加鹽。

蕉葉香腸糯米飯

Steamed Sticky Rice with Sausage

這道菜就是台式油飯,味道跟粽子差不多,但做法簡單許多。以前我一直覺得料理糯米很麻煩,因為需要浸泡隔夜,然後在竹籠上隔水蒸熟,大費周章。後來我在網上做了一些搜尋,集各家之言,又在家裡做了實驗,發現糯米根本不需要浸泡!可以像普通白米一樣,洗淨瀝乾直接放入電飯鍋煮,只不過 1 杯白米通常需要 1 杯至 1.2 杯的清水,1 杯糯米只需要大約 0.7 杯水就夠了。煮好了燜 10 分鐘,軟糯又晶瑩剔透,出乎意料簡單!

油飯的做法有很多種,傳統上生米先跟調料炒香再蒸。但依我個人經驗,炒過的糯米表面包覆了油,吸水能力比較弱,最後要蒸比較久才會熟透。如果要快速一點,我建議直接先煮白糯米,另外炒香調料,最後再把煮好的糯米跟調料拌在一起,味道絕不打折扣。

材料

長種糯米:3 杯

麻油:2 大匙

紅蔥頭:1~2 顆

薑末:1 茶匙

香腸:2、3 根

蝦米:1 把

乾香菇:10 朵

米酒或紹興酒:3 大匙

醬油:5 大匙

芭蕉葉:3~4 張

補充

1 糯米分短種與長種,短種糯米適合做甜點如八寶飯,長種糯米適合做鹹食如油飯。

2 炒料可依個人口味調配,因地制宜。如香腸可改放五花肉絲或雞丁(像港式飲茶裡的荷葉糯米雞)。不喜肉者亦可不放香腸,爆香時多加點麻油以補足不夠的油脂與香氣。另外如果要添加紅棗、干貝、鹹蛋黃等材料當然也都可以。

做法

1 / 煮飯:糯米洗淨瀝乾後,米與水的比例為 1 比 0.7(煮 3 杯米就用同樣的杯子加三次七分滿的水),放入電鍋裡蒸煮,煮好繼續燜 10 分鐘。

2 / 紅蔥頭切末、香腸碎切丁、乾香菇以熱水泡開後切成薄片,保留香菇汁。

3 / 中大火熱鍋加入麻油,先下紅蔥頭末爆香後轉中火炒至金黃,接著放入香腸煸出香氣與油,再放入香菇、薑末與蝦米,爆炒至香氣全部出來時,倒入米酒讓酒精快速揮發,然後倒入香菇汁和醬油,煮約 5 分鐘即可。

4 / 煮好的糯米拌入炒料中,充分拌勻糯米與炒料,如果不夠鹹可以再加一點醬油,這樣糯米飯就完成了。由於糯米只要一冷卻就會變乾硬,如不立刻上桌,最好放回電鍋裡保溫,或是在爐子上隔水加熱。

5 / 拌勻的米飯可依自己喜歡的分量分批包入芭蕉葉、荷葉或竹葉。如果買得到新的葉子當然最好;如果用乾的或冷凍的,葉子必須先打開泡熱水恢復彈性。我通常把大片的蕉葉或蓮葉剪成方形,糯米飯堆在中間,然後像包禮物一樣,上下左右往中間折,再用麻繩或棉線綑綁。綁好了就像粽子一樣,要吃的時候一整包蒸熱即可,給小朋友帶便當也很方便。

椰香雞飯

Coconut Rice with Chicken

　　這是一道很有南洋風味的料理，其中米飯的金黃色澤來自薑黃（或稱黃薑），英文叫做 turmeric，是咖哩粉的主原料。它具有淡淡辛香藥味，有利消化又能抗發炎抗氧化，在烹調上主要借用橙黃的色澤與超強染色力，又被稱作「窮人的番紅花」。生米用薑黃等香料炒過後，再加椰漿和雞湯燜煮，煮出來的飯格外香濃入味。在印尼這樣的黃飯稱作 nasi kuning，是傳統慶典必備的食物，通常堆成高高的圓錐形擺在大盤中央，旁邊圍一圈各式菜餚，很有喜氣。我做的是簡化的一鍋料理，雞肉放入鍋中跟米粒一起燜熟，同時使雞汁充分融入飯裡，可算是小確幸版的平日慶典飯。

材料（4 人份）

去骨雞腿：4 隻，切大塊後擦乾

鹽：適量

紅糖（南洋椰糖更好）：少許

白胡椒：適量

魚露：約 1 大匙

油：1 大匙

薑末：約 2 大匙

蒜末：約 1 大匙

薑黃粉：1 大匙

米： 3 杯中式米杯或 2 杯美式量杯，洗淨瀝乾

椰漿：240 毫升

雞湯：300 毫升（或用 2 茶匙雞粉加 300 毫升清水）

做法

1 ／ 雞肉均勻撒上鹽、糖、胡椒、魚露，醃 10 分鐘（久一點更好）。

2 ／ 深鍋以中大火預熱，倒入油，雞腿肉分批下鍋煎至兩面金黃，取出備用。

3 ／ 鍋中多出的油稍微倒掉一些，保留 1 大匙。加入薑末、蒜末、薑黃粉炒香，再加入生米炒拌均勻，隨後倒入雞湯和椰漿（如果雞湯是無鹽的，再加約半茶匙鹽），開大火煮滾後立刻轉小火。

4 ／ 醃好的雞腿肉鋪在米上方，加蓋以小火煮 20 分鐘，隨後關火燜 5~10 分鐘。

5 ／ 剛煮好開蓋時會看見一坨坨白白的椰脂浮到米飯表面，不太好看，但稍微拌一下就均勻了。盛盤後撒上少許蔥花、香菜，也可以擠一點青檸檬汁並搭配辣椒醬食用。

補充

1 椰漿和雞湯量都可以看狀況調整。如果用電鍋做這道菜，必須先把米跟香料拌炒過再放入電鍋，椰漿和雞湯量都略減。

2 若改用新鮮黃薑（貌似迷你薑），必須刮皮後搗碎使用。1 根約 5 公分的新鮮黃薑差不多相當於 1 大匙薑黃粉。搗碎時小心汁水沾染衣物，很難洗掉。

3 更講究一點，煮飯時可以加 1 根拍裂的香茅（lemongrass）和 1 片打個結的香蘭葉（pandan），味道更香。

4 若買不到薑黃粉，可以用咖哩粉代替。

香料飯

Rice Pilaf

　　米飯的吃法千變萬化，除了平日最熟悉的蒸白飯，另有一種通行世界，從印度、中亞、地中海乃至北非的燒飯方式，就是這裡要介紹的「pilaf」（看地區語言不同也有 polo、pilau、pulau、plov 等名稱）。各地材料雖有些許不同，共同點在於生米都先用香料炒過，通常加一點果乾、堅果、蔬菜，甚至少許肉，再加清水或高湯煮熟。煮好的飯香氛濃郁，充滿絲路和天方夜譚的異國情調，搭配烤肉和咖哩尤其美妙。這飯當然可以用電鍋燒，但我喜歡在爐台上從炒拌至燜煮一鍋做到底，還可以因此燒出我想念的鍋巴呢！

材料（2~4 人份）

米：2 杯（中式米杯），洗淨瀝乾

油：2 大匙

洋蔥：半顆，切絲

小荳蔻：4、5 粒，拍裂

杏仁片：1 大匙

中型胡蘿蔔：半條，刨碎絲

葡萄乾：1 大匙，泡軟瀝乾

鹽：1 小撮

水：2 杯再多一點

香菜末：適量

薄荷末：適量

做法

1　洋蔥入油鍋以中大火炒至金黃，加入小荳蔻和杏仁片炒香，再加胡蘿蔔絲與葡萄乾繼續拌炒。

2　倒入生米拌炒，撒少許鹽，攪拌均勻後加水。至此可移入電飯鍋，或等水滾後轉小火，蓋上鍋蓋烹煮 20 分鐘，關火再燜 5~10 分鐘。

3　以叉子挑鬆米飯，撒上香菜、薄荷即可。

爐火煮飯小叮嚀

　　用電鍋煮飯時，米與水的比例約為 1 比 1，1 杯米加入 1 杯水。在爐火上煮飯，水量約需米量的 1.2~1.5 倍，差異取決於米的種類、喜好軟硬度、爐火大小（有些瓦斯爐開到最小還是有點大，水分需要加多一點）。唯有試做過才能確切掌控自家爐火與米種所需的理想水量。

　　市面上的電鍋溫控都做得很好，煮飯沒鍋巴，洗碗方便許多。相較之下用爐火燒飯一不小心就會有鍋巴，這對像我這樣喜愛鍋巴的人來說反而是福音。如果要確保有鍋巴，小火煮 20 分鐘後可以轉大火燒約 1 分鐘（不必掀開鍋蓋），這時會聽到鍋底傳來滋滋喳喳的聲響，就是飯燒焦了。關火再燜 5~10 分鐘即可。

補充

1　這食譜偏好印度口味，適用印度的 basmati 香米或其他長種秈米如泰國香米、絲苗米。這幾種米煮起來米香特別濃郁，吃起來口感鬆散。如果不習慣的話，用一般粳米也可以。

2　印度人煮香料飯通常使用芥菜籽油或奶油，中東或地中海一代的人則使用橄欖油。其實任何食用油都可以。

3　香料可依個人喜好代換，如大蒜、咖哩粉、薑黃、孜然、肉桂、茴香皆可。果乾除了紫色或金色葡萄乾，也可以選用蔓越莓乾或切碎的杏桃乾。堅果的杏仁可以換成松子、榛子、開心果。如果希望保持脆一點的口感，可以等飯煮好再撒堅果於其上。

4　蔬菜除了胡蘿蔔絲，也可以添加香菇、番茄、青菜等等，但是注意蔬菜會出水，一旦加得較多時，水必須酌量減少。

蝦仁玉米粥

Sauteed Shrimp on Polenta

這是我視頻開拍示範的第一道菜，因為做法又快又簡單，有異國風但也適合國人胃口。這樣的組合源自於美國南方傳統的家常菜：shrimp and grits。所謂「grits」就是玉米粥，用當地特有白品種玉米曬乾打成渣煮的。由於美國境外不容易買到 grits，所以我選用義大利北方常吃的 polenta 代替。Polenta 是金黃色的乾玉米渣，煮得濃濃的就成粥，如果靜置放涼了自然變成玉米糕，可以切片煎來吃。目前國內一些專賣進口食材的超市偶有販售 polenta，如果找不到，可以用中式煮五穀雜糧粥的「玉米渣」或「玉米籽」替代，甚至用做麵包防止麵糰沾黏的玉米粉（corn meal）也可以，但原則上粗一點的比較好吃。煮粥時水之於玉米渣比例大約是 4：1~6：1，看你喜歡濃一點或稀一點，大約 20 分鐘就可以煮熟，比稀飯快得多。最後配上培根炒蝦仁和帶點辣味的番茄醬汁，一道義裔美籍的海鮮粥就上桌了！

材料（2 人份）

玉米粥

水：2 碗

玉米渣：半碗

鹽：1/4 茶匙（1 克）

帕瑪森乳酪：刨碎，約小半碗

炒蝦仁

蝦仁：200 克，挑出腸泥，洗淨擦乾

培根：2 條，切丁

大番茄：1 顆（或小番茄 1 把），切丁

大蒜：2 瓣，切碎

辣椒：2 條，切片

巴西利：1 小把，切碎

橄欖油：1 大匙

鹽：1/4 茶匙（1 克）

黑胡椒：少許

白葡萄酒：1/3 杯（80 毫升）

做法

1. 煮開 2 碗水，倒入半碗玉米渣和鹽，攪拌均勻後小火煮約 20 分鐘，中途偶爾攪一攪。玉米粥煮濃了會像岩漿一樣咕嚕冒泡，不時噴濺，小心燙傷。如果太乾，可以加一點水，最後倒入帕瑪森乳酪攪拌均勻。

2. 中大火熱鍋煎培根至香脆，逼出油脂後取出培根備用。鍋中倒入橄欖油，炒香大蒜與辣椒，隨後加入蝦仁拌炒，撒鹽和胡椒。蝦子變色但熟透前加入番茄與剛才煎好的培根，炒拌均勻，倒入白葡萄酒，大火滾煮微微收汁，品嚐調整鹹味即可。注意這步驟進展得很快，所以材料一定要事先準備好，否則一不小心蝦仁就過熟了！

3. 玉米粥盛入碗中，淋上帶番茄白酒醬汁的培根蝦仁，最後撒上巴西利末。

補充

由於這裡使用金黃色的義式 polenta 代替白色的美式 grits，調味上也偏義式口味而選用帕瑪森乳酪和巴西利。如果想試試更傳統的美國南方風味，可以用改用巧達乳酪煮玉米粥，奶油代替橄欖油，雞高湯和一點檸檬汁代替白葡萄酒，最後撒蔥花即可。

炒青菜

炒青菜似乎再簡單不過，但要怎樣在家裡爐火有限的狀況下，炒出餐館裡那種鑊氣騰騰，又綠又脆的理想狀態呢？我的秘訣是兩段式做法：先燙再炒，一舉解決所有疑難。

我曾在上一本書《其實，大家都想做菜》裡這麼說：

> 所有的綠色蔬菜氽燙過後都會變得特別翠綠。烹飪理論大師哈洛‧德馬基解釋說，綠色蔬菜一旦加熱，細胞之間的空氣會膨脹釋出，產生撥雲見日的效果，讓組織內部反射綠色光束的葉綠素（chlorophyll）變得特別清晰鮮明。然而隨著蔬菜內部溫度的持續上升，或是任何酸性物質的介入，葉綠素分子中的「鎂」原子會流失，由「氫」原子代替，改變整體分子結構，由 chlorophyll 變成 pheophytin，也就是所謂的「脫鎂葉綠素」。脫鎂葉綠素反射灰色和黃色的光束，這也就是為什麼加熱過久的綠色蔬菜（如自助餐廳熱爐上的那些青菜）總顯得灰暗土黃。

也就是說，烹調青菜的火候若能掌握恰到好處，不只口感清脆，連顏色都會變得更翠綠。曾有網友評論我張貼的食物照片說：「煮熟的四季豆哪有可能那麼綠？想必是為了拍照，拿生豆子趕腳擺盤的吧！」殊不知，生豆子哪兒有燙了再炒得那麼好看啊？

針對像四季豆和綠花椰這樣較粗硬的蔬菜，我建議用撒了鹽的微鹹滾水燙 3 至 5 分鐘，直到葉綠素「撥雲見日」，然後試吃確定脆軟合宜即起鍋瀝乾，泡冰水放涼。至於菜葉細嫩但仍有粗莖的綠葉蔬菜如青江菜、芥蘭菜、菜心等等，最好先連莖帶葉垂直剖半，接下來只需要燙個 30 秒。燙好的蔬菜當然可以拌幾滴香油和鹽立刻上桌，但如果喜歡大火爆炒的香氣，這時可以大火起油鍋，先爆香調料如蒜片、辣椒、花椒、檸檬皮等等，直到香氣溶入油脂（大部分香氣都是脂溶性），然後把燙好的蔬菜倒進熱鍋裡溜一圈，撒點鹽，立刻就集青、脆、鑊氣於一身啦！

火腿薄荷炒豌豆

Peas with Prosciutto & Mint

　　火腿、薄荷、豌豆是非常經典的歐式組合，但我覺得搭配任何菜系都很恰當，色澤也討喜。豌豆如果能用春天新摘的嫩豆子當然最好，但比較費工夫。我通常都用冷凍的，從冰箱拿出來直接下鍋至炒熟只需要 1 分鐘，口感鮮嫩，是隨時都可以變出來的一道百搭配菜。

材料

新鮮或冷凍豌豆：1 碗
（約 200 克。）

橄欖油：2 茶匙

義式火腿：1 片，切細條

小紅蔥：2、3 顆，切片

新鮮薄荷葉：1 小把，切碎

鹽：適量

黑胡椒：少許

做法

中大火熱鍋，加橄欖油和小紅蔥炒香，再加入火腿炒至捲曲微焦，接著倒入豌豆，撒 1 小撮鹽、胡椒拌炒均勻。如果用新鮮豌豆必須加 1 茶匙水，冷凍則不需要。煮至豌豆變軟，約 1 分鐘，起鍋前加入薄荷葉拌勻即可。

補充

義式火腿也可以用培根或金華火腿切絲代替，另外豌豆如果用蠶豆代換味道也非常好。

蒜香炒蘑菇

Sauteed Mixed Mushrooms

　　中式的菌菇料理通常講究滑嫩，手法以燉、燴、油燜為主，少見大火乾煎或燒烤形式。這裡示範是較西式的做法，蘑菇切大塊，用奶油和蒜片煎炒。由於蘑菇會出水，如果量多或鍋子偏小的話，水分揮發得比較慢，一定要耐心等待大火把水分燒乾，進而把蘑菇表面煎至金黃，產生更豐富的焦香。由於蘑菇特別吃油吃鹽，油鹽絕對不能少，再配上大蒜和檸檬吊它本身富含的鮮味，簡簡單單就非常可口，而且肉感十足。

材料

香菇：1 包（約 250 克）

蘑菇：1 包（約 250 克）

橄欖油：1 大匙

奶油：2 大匙（約 30 克）

大蒜：2 瓣，切片

鹽：適量

黑胡椒：適量

檸檬汁：1 大匙

巴西利：1 小把，切碎

做法

1 / 香菇、蘑菇洗淨瀝乾，切大塊。

2 / 炒鍋或平底煎鍋以大火預熱，加入橄欖油和奶油炒香蒜片，接著倒入香菇、蘑菇炒拌均勻。撒鹽、胡椒，加檸檬汁繼續拌炒。

3 / 待香菇、蘑菇滲出的汁水燒乾後，偶爾翻炒一下，直到表面煎至金黃微焦。品嚐後調整鹽量，撒巴西利即可起鍋。

培根炒孢子甘藍

Stir-fried Brussels Sprouts with Bacon

看過這種長的像迷你包心菜的孢子甘藍（Brussels sprout）嗎？這菜很苦，不少人拒之於千里之外，但其實我一直認為苦味可以是美好的，它強化其他味覺，讓鹹甜酸辣變得更鮮明，回味也更深刻，關鍵在於怎麼烹調。過去大家以為長時間水煮可以去除孢子甘藍的苦味，怎知那除了讓青蔬變得軟爛泛黃難以下嚥，還更加釋放菜葉裡苦澀的硫氰鹽（thiocyanates），完全是反效果。目前廚界的共識是：越苦的蔬菜越需要大火快速烹調：火烤、乾煎、快炒、油炸……都可以。為了讓蔬菜能在短時間快熟，切的細薄就變得很重要，而且調味必須豪放一點，鹽不能少，大蒜辣椒可以多放，醋或檸檬也有加分效果。整套做法老實說很有中式烹調的風格，為此我特別引介這道近年來很流行的培根炒甘藍絲做法，吃起來有點像蒜苗臘肉或培根高麗菜，又脆又香，搭配中餐西餐都合宜！

材料

孢子甘藍：1 把

橄欖油：2 大匙

培根：2~4 片，切丁

大蒜：2~3 瓣，切片

辣椒：1~2 根，切斜段

鹽：適量

黑胡椒：適量

檸檬汁：少許

做法

1 / 孢子甘藍菜沿經線剖半，切面平貼砧板，切成細絲（粗硬根部捨棄）。

2 / 中大火起油鍋，拌炒培根至微焦後加入蒜片、辣椒、黑胡椒爆香。接著轉大火，放入甘藍菜絲，撒 1 把鹽，擠少許檸檬汁，拌炒至菜絲稍微萎縮。用鍋鏟將甘藍菜絲撥散平鋪於鍋底，使部分菜葉煎至微焦以增加口感層次，再炒拌均勻即可。

補充 —————

1 這道菜拌炒煮熟的義大利管麵或螺絲麵也非常好。

2 如果買不到孢子甘藍，可用高麗菜苗代替。

烤蘆筍

Roasted Asparagus

　　似乎很多人認為蘆筍越細越好，因為粗壯的蘆筍纖維太多，而事實上只要處理得當，粗一點的蘆筍反而更鮮脆多汁，烹調後也不易變得軟塌或乾澀。市場買回來的新鮮蘆筍通常超過 25 公分，近尾端的老硬纖維不宜食用。究竟纖維從哪兒開始變老硬？蘆筍會很誠實的告訴你：只要用手折彎至自然斷裂，尾端那截就是過於粗硬的部分，可以丟棄或用來榨汁。其餘的蘆筍比照這個長短切除尾端，再用削皮刀將剩下中下段的外皮刮除，你的蘆筍就保證鮮嫩。接下來切斜段清炒，或是像這裡示範的送入烤箱，用一點蒜片、檸檬和橄欖油調味就很鮮美。

材料

蘆筍：1 把

橄欖油：1 大匙

大蒜：1 瓣，切片

鹽：少許

黑胡椒：少許

檸檬皮：少許

檸檬汁：幾滴

做法

1 / 烤箱預熱 200℃。

2 / 蘆筍切除尾端老硬纖維，再用削皮刀刮除中下段表皮。

3 / 處理好的蘆筍平鋪於烤盤，淋上橄欖油，均勻撒鹽、胡椒、蒜片、少許檸檬皮。放入預熱好的烤箱約 10 分鐘，直到刀尖能輕易戳過蘆筍。盛盤後擠一點檸檬汁，也可以撒少許帕瑪森乳酪。

烤大蒜

Roasted Whole Garlic

　　烤過的大蒜和生大蒜味道很不一樣，少了那股辛辣嗆味，取而代之的是濃得化不開的深沉氣息，讓人目眩神迷也胃口大開。我覺得唯一能跟烤大蒜香味比擬的食材只有野生松露，然而松露計價如黃金，大蒜卻俯拾皆是，怎能不多加利用？每回開著烤箱做菜的時候，我喜歡順手在角落擺一顆包了鋁箔紙的整顆大蒜，既不佔空間也不浪費電，一舉兩得。烤過的大蒜質地棉軟，可以從切口輕易的挑出來，直接塗抹麵包或拿來炒菜、拌麵、搭配烤肉……都好，是我做菜增香的一大法寶。

材料

整顆大蒜：1 顆

橄欖油：少許

鹽：少許

鋁箔紙：1 小張

做法

1／烤箱預熱 220℃ 。

2／大蒜切掉尖頭 1/3 處，平放在鋁箔紙上，切面淋少許橄欖油並撒一點鹽，包好放入烤箱約烤 30~40 分鐘，直到傳出濃郁的蒜香即可。

補充

烤大蒜沒有特定的溫度及時間（溫度高就快一點，溫度低就久一點），由於不剝皮又包了鋁箔紙也不怕燒焦，所以可以跟任何需要烘烤的鹹味菜色共用烤箱，烤到飄出濃郁的蒜香就是好了。 如果專門為烤大蒜而使用烤箱，建議一次多烤幾顆以善加利用能源。

烤馬鈴薯

Roasted Potatoes

　　我在上一本書裡介紹過一道「鍋燒小洋芋」，用乒乓球大小的新薯先煮熟壓扁，再慢火煎至兩面焦脆，深受好評。由於迷你新薯在國內取得不易，這裡再介紹一道無比酥脆的烤箱做法，各種大小型態的馬鈴薯都可以。這道菜外脆內軟的關鍵是：切了塊的馬鈴薯要先煮半熟，然後使勁兒甩晃至表面微微破裂糊爛，調味後再放入高熱烤箱。如此「暴力相向」的目的是增加馬鈴薯直接受熱的表面積，使梅納反應更徹底。最後那焦脆的程度大概跟炸的差不多了，絕對讓大家一口接一口，停不住。

材料

中型馬鈴薯：6 顆

鹽：1 ¼ 茶匙（6 克）

黑胡椒：少許

檸檬皮：少許

迷迭香：1 株，葉片切碎

橄欖油：2 大匙

有蓋湯鍋：1 個

做法

1 / 烤箱預熱 220℃ 。

2 / 馬鈴薯削皮切塊（不要切太小），放入盛滿冷水的鍋裡，加 1 茶匙鹽，大火煮開後轉小火再煮 5~6 分鐘，直到表層軟了但中間還未熟。

3 / 馬鈴薯瀝乾水分，放回鍋裡並蓋上鍋蓋，用力的顛簸鍋子幾下，使表面略顯糊爛。倒入 2 大匙橄欖油，撒 1/4 茶匙鹽、胡椒、檸檬皮、迷迭香，全部拌勻。

4 / 烤盤表面薄薄抹一層油，馬鈴薯平鋪倒入，放進烤箱。20 分鐘後取出翻面，再烤約 15~20 分鐘，直到金黃焦脆。

補充
調味可以自行代換，比如加入具有蔥蒜味的香料粉、椒鹽，或不同的香草。橄欖油也可以用一般沙拉油或鴨油替代，越油越香脆，請自行斟酌。

切了片的長棍麵包上疊放燻牛肉、剝皮甜椒、沙拉嫩葉和幾顆酸豆，沾一匙辣根醬，是我隨手組合的聖誕派對小點。

火烤剝皮甜椒

Roasted Sweet Peppers

剝皮甜椒非常好用，顏色鮮明特別亮眼，烤過了肉質豐厚棉軟，甜香倍增，帶煙燻氣息，只要淋一點橄欖油，撒少許鹽與黑胡椒就是一道前菜；或搭配橄欖、醃肉，和乳酪等等做開胃拼盤；也適合包三明治、搭配肉食海鮮、入義大利麵、打碎了做湯調醬……若在超市裡買進口玻璃罐裝的，價格驚人，但其實在家做很方便。如果你仍未用過烤箱的上火 broiler 功能，這是試用的好機會，可以清楚的看到甜椒皮快速起水泡變焦黑，而且甜香四溢，最後剝皮的感覺也很爽快。

材料

紅甜椒：2 顆

黃甜椒：2 顆

橄欖油：適量

做法

1 / 烤盤鋪鋁箔紙。甜椒對半切開、去籽，切面朝下放入烤盤。

2 / 烤箱裡烤架移到最上層，溫度調至最高，只開上火（broiler），預熱約 1 分鐘。

3 / 烤盤送入烤箱，調整使甜椒和火源相距不超過 3 公分，烤至椒皮起水泡變焦黑為止，約需 20~30 分鐘，中途可以把烤盤轉個方向以確保受熱均勻。

4 / 烤好的甜椒放入碗盆內並用保鮮膜包起來靜置放涼，約 20 分鐘後應可以輕易的把焦黑的皮剝掉，撕成大塊即可。若不立即食用，可連同汁水存放於碗碟或玻璃罐內，倒入橄欖油蓋住表面，冷藏可保存 1 週。

鹽漬過的豬排煎熟，下面墊烤甜椒，上面淋青醬，很有南歐風的簡單好滋味。

補充

1 甜椒烤好後以保鮮膜密封，是為了讓蒸氣使皮、肉分離，剝皮較為容易，同時放涼一點更好操作。

2 若家裡沒有烤箱，可採用更傳統但費時的做法：直接用夾子夾著甜椒在瓦斯爐上用明火燒烤至焦黑。

3 烤焦的甜椒帶有煙燻香氣，千萬不要用水沖洗，香氣就沒了。

烤咖哩白花椰與胡蘿蔔

Roasted Curried Cauliflower & Carrots

　　近幾年來白色花椰菜忽然大翻身，許多國外時髦的餐廳和美食雜誌都以它做主角，變出不少新菜色。廚師們似乎一致同意，白花椰表面受熱產生的焦糖香氣與裡外口感對比是風味勝出的關鍵，因此乾煎、燒烤、酥炸等等做法就百花齊放。這裡我跟胡蘿蔔一起烤，切塊的時候盡量確保兩者的大小厚薄不差太多，這樣熟度才均勻。最後烤出來的蔬菜邊角焦脆，中心酥軟，帶著濃濃咖哩香，即使平日不吃白花椰的人恐怕也要忍不住試試。

材料

白色花椰菜：1 顆，切成小株

胡蘿蔔：2~3 根，去皮切小塊

洋蔥：半顆，切大塊（沿經線剖半，再切成連莖不斷的 4 大片）

鹽：約 1/4 茶匙

咖哩粉：2 茶匙

橄欖油：2~3 大匙

香菜末：少許

做法

1　烤箱預熱 220℃ 。

2　切好的白花椰、胡蘿蔔和洋蔥放入大碗中，撒鹽、咖哩粉和橄欖油拌勻，平鋪於烤盤上。送入烤箱約 30 分鐘，中間翻一次面，烤至表面微焦，刀尖能輕易戳過胡蘿蔔即可。出爐後調整鹹味，撒少許香菜末盛盤。

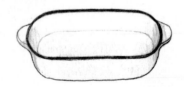

補充

1 如果是桌上型小烤箱，熱源距離食材很近，這個溫度容易燒焦，可以調降至 200℃，或是烤到焦化程度夠了就包鋁箔紙。

2 同樣的溫度烤法幾乎適用於所有的根莖類蔬菜如馬鈴薯、南瓜、番薯、白蘿蔔、櫻桃蘿蔔、甜菜頭⋯⋯烤 30 分鐘若仍未熟透就再烤 5~10 分鐘檢查，直到烤熟為止。

橙汁蜂蜜烤番薯

Roasted Sweet Potato with Orange, Honey & Chili

　　有一回我在家裡隨手這樣烤了一盤番薯，出乎意料的好吃，忍不住跟大家分享。番薯加了蜂蜜並不會太甜，多餘的糖分焦化使表面更香脆晶亮。橙汁的水分一方面有助番薯軟化，一方面帶來微微水果酸香，配上椒鹽和辣椒粉，甜鹹香辣一網打盡，是一道很搶風頭的配菜。

材料

紅番薯：3 顆

紫番薯：2 顆

橄欖油：約 3 大匙

蜂蜜：約 2~3 大匙

柳橙汁：1/4 杯（60 毫升）

鹽：約半茶匙（2.5 克）

黑胡椒：少許

辣椒粉：少許

做法

1 / 烤箱預熱 200℃ 。

2 / 番薯洗淨削皮後切成塊狀或條狀，形狀大小依個人喜好，不要太小太薄就好。

3 / 切好的番薯均勻拌入橄欖油、蜂蜜與柳橙汁，撒鹽、黑胡椒與辣椒粉，平放於烤盤上（如果怕沾黏不好清洗，烤盤上可先鋪一層鋁箔紙）。

4 / 放入預熱好的烤箱烘烤 20 分鐘後取出一一翻面，再烤 10~20 分鐘，直到外表焦香，內部鬆軟能輕易戳過即可盛盤。

補充

1 紅薯質地鬆軟，紫薯比較乾但營養成分高，搭配在一起口感較豐富也好看，但如果單用一種番薯也可以。

2 蜂蜜若用楓糖代替，別有一番滋味。

馬鈴薯泥

Mashed Potato

　　馬鈴薯泥是西餐常見的澱粉主食，就像麵飯一樣用來搭配其他菜餚，尤其跟濃稠的燉肉醬汁特別登對。傳統西式的薯泥製作必須另煮一鍋熱牛奶加奶油，用來拌入煮熟瀝乾的馬鈴薯塊。我常覺得這樣奶味有點重且添加了不需要的熱量，所以這裡簡化只用煮馬鈴薯的汁水調拌薯泥，最後趁熱加點奶油就很香滑了。

材料

馬鈴薯：3 顆

大蒜：3 顆

鹽：少許

奶油：1 大塊（約 30 克），或
使用「香蒜奶油醬」（見 51 頁）

做法

1 / 馬鈴薯削皮切塊放入盛了清水的鍋中，水蓋過馬鈴薯，再放入幾顆剝皮大蒜，撒少許鹽巴，開大火煮滾再轉小火煮約 20 分鐘至馬鈴薯軟爛。

2 / 倒掉大部分煮馬鈴薯的水，留下底部約半碗的水量，以馬鈴薯搗泥器（potato-masher）或叉子湯匙壓碎，連煮軟的大蒜一起搗成泥。壓碎過程調整鹹度而適度加鹽，並趁熱拌入奶油或「香蒜奶油醬」即可。

補充

1 馬鈴薯削皮後容易氧化變色，最好立刻放進冷水裡。

2 用叉子湯匙搗泥需要花點工夫，而且最後難免留下一些塊狀顆粒，這沒有關係，只要跟大家說這是 rustic 的鄉村式薯泥就好。有些餐廳還故意這麼做，說是粗細不均比較有口感。

普羅旺斯燉菜

Ratatouille

還記得《料理鼠王》那部卡通片嗎？它的原名就是「Ratatouille」，一語雙關，字首的 Rat 點出與老鼠有關，又談法式料理，尤其是片中最關鍵的一道同名燉菜。這道菜出身平凡，材料都是普羅旺斯一帶夏日最盛產的蔬食，一籮筐燉在一起，口味豐富色彩繽紛。片中那位有廚藝天份的老鼠 Remy 最後用一道層疊慢烤的精緻版 ratatouille 打動嚴苛食評家的心房，看了好感動人！這裡示範的是傳統村婦版本，雖然上不了星級餐廳的大檯面，但美味營養兼具。烹調上雖說是用「燉」的，但其實完全不需加湯水，單靠瓜果本身出的水分。步驟上必須慢熟的菜先下鍋，快熟的後加，最後全部調和成一氣，是佐魚佐肉的理想配菜。

材料

洋蔥：1 顆，切丁

茄子：2 根，切丁

綠櫛瓜：1 根，切丁

黃櫛瓜：1 根，切丁

大紅番茄：2 顆，切丁

大蒜：2 瓣，切末

百里香：1 茶匙

羅勒：1 大把，切碎

橄欖油：3 大匙

鹽：適量

黑胡椒：適量

做法

1／ 鍋子以中大火預熱，倒入橄欖油，將洋蔥炒軟，加入茄子與少許鹽巴拌炒約 10 分鐘至茄子些許焦黃並軟化。

2／ 火力保持中大火，加入蒜末、黃、綠櫛瓜，撒胡椒拌炒 3~5 分鐘。

3／ 加入百里香及番茄燉煮 3~5 分鐘讓味道融合，火力轉小並調整味道後加入切碎羅勒稍微收汁後即可盛盤。

補充

1 為了確保蔬菜熟度均勻，每一種蔬菜切丁的大小盡量保持一致。茄子和黃綠櫛瓜都屬於長條形，切丁的方式，我建議先剖半成兩長條，每一條再剖半，然後切成 1 公分左右的圓錐厚片。如果茄子和櫛瓜本身特別細，可能剖半一次就夠了，然後切成半月形。

2 新鮮百里香可用減量的乾燥百里香代替，新鮮羅勒可用巴西利代替。

Recipe

Part. 04

烘焙點心
Bread, Dessert & Drink

吃貨的
節食計畫

從小到大我的身材一直屬於乾癟型,由於常年熬夜與神經緊繃,加上重度嗜辣和暴飲暴食導致腸胃受損消化不良,一直給人一種吃不胖的印象。這狀況在我生了孩子之後開始扭轉,首先是孕期囤積的脂肪難以消除,再加上月子期間被迫進補和靜養,不吃辣不喝咖啡,多年不適的腸胃竟然給養好了。從此有吃必有吸收,不只衣帶日漸緊繃,雙下巴和圓圓臉擠得眼睛都變小了。

難為的是,身為廚師和飲食作家,「吃」不只是我生活樂趣的來源,更可說是自我價值和身分認同的起點。看看坊間的健康節食菜譜,要不就減油少鹽,走清心寡慾路線,要不就低糖無澱粉,剝奪人類對麵飯甜食的基礎渴望。這與我引以為傲的食客精神背道而馳,不僅難以實踐,簡直就像是要求武林大俠自廢武功一般,從此豈不只能隱姓埋名,慘淡終日?

由於身材和自我認同都很重要,我決定實驗自創節食法,用自己最能接受,最可行的方式減肥瘦身。我的原則很簡單:不放棄任何想吃的東西,但除了真正想吃的食物之外,其他一律盡可能不碰。

也就是說,我過往「大肚能容」的豪邁風格以及從小奉為金科玉律的勤儉美德:「飯菜一定吃光光」, 從此不再適用。那些盤底的肉末菜渣、多出來的幾口飯、西餐盤裡大把的薯條……如果可有可無,我告訴自己棄之並不可惜。外食若發現桌上的菜並不好吃,沒有必要因為已經點了就勉強吃光,因為花了錢又沒能滿足口腹之慾,徒增卡路里,是謂賠了夫人又折兵。 我拒絕在無意識的狀態下抓吃零食,力求隨時清醒的注意自己到底想吃什麼,吃飽了沒有,而一旦吃得舒服了就適可而止,因為這時如果繼續多吃,不只容易變胖,滿足指數也會下降。如何在有限的胃口裡得到最大的滿足,是我這一年多來實踐節食計畫的最高指導原則。

我發現當味覺獲得充分滿足時，適可而止其實沒有想像的那麼難。身為職業吃貨，如何把每一道菜的味道發揮到極致一直是我關注的重點。美食對我而言從來就不需是珍稀名貴，但材料必須新鮮，火候調味必須做足，於是該鹹的鹹，該甜的甜，該炸得酥脆的油不能少。為此，節食期間我在家做菜和出門吃飯都不特別避諱高熱量的菜色，唯獨分量不能多，務必見好就收。反之如果為了健康瘦身而拚命減鹽減糖少油，最後食不知味，反而容易因欲求不滿而在夜深人靜時偷吃巧克力糖和洋芋片，飽受罪惡感侵蝕，自暴自棄。

　　兩年多來，我的小腹雖然還有待加強，雙下巴卻明顯消下去了，體重也已回歸正常。另外欣喜的是，由於養成了隨時詢問自己真正想吃什麼的習慣，我節制了許多不必要的開銷，更學會聆聽自己身體的需求。比方有時中午和朋友聚會吃得比較飽，那麼晚上喝碗湯就好了，沒有必要因為是用餐時間就非規規矩矩的吃一餐飯。真心想吃肉的時候就吃肉，只想啃黃瓜就只啃黃瓜。如果肚子不太餓但口舌渴望麻辣的香味，那麼就意思意思燙 2 兩麵條加青菜，配醬醋紅油過個癮吧！我發現只要跟著身體自然的需求和韻律走，不但不容易過度進食，消化和睡眠品質都有所改進，而且由於吃得不多，買有機蔬果和放養禽畜也不必心疼傷荷包，對一己健康與環境生態都有所助益。

　　比起以往那種為省而吃，為貪而吃，為人情而吃的隨意揮霍，我現在只求吃得舒服，少了那些其實本來就不太想要的大魚大肉與連帶的胃脹肚疼殆疲累，以致近來雖然帶孩子帶得很累，人人反倒都說我氣色比以前好了許多。這套舒服至上的節食原則當然不適合每個人（比如有心臟血管疾病和糖尿病的患者就必須分別注意脂肪和澱粉糖分的攝取），但對於那些身體機能基本正常，唯規律失調，過度囤積，新陳代謝開始減緩的初期體重失控者來說，隨時留心自己真正想吃什麼，吃舒服了就停，應該遠比計算卡路里來得愉快可行吧？身為無美食毋寧死的吃貨，「重質不重量」是我維持身材的有力準則，在此與大家分享共勉之。

美式比司吉

American Southern Biscuits

　　記得十歲那年，我第一次在剛登陸台灣的肯德基吃到所謂的「比司吉」，驚為天人，從來沒嚐過那麼好吃的東西。後來不知為什麼國內的肯德基就不賣這個了，但好在我多年後嫁給了 Jim，他父親那邊的家族來自南卡羅萊納洲，從小養成了標準美國南方胃口，特愛吃炸雞配比司吉，而且還很會自己做。這道比司吉就是跟他學的，只不過我稍微講究一點，用專門的圓形切割模，不像我先生都是隨便拿個玻璃杯，切得歪歪扭扭，但他說「好吃最重要」，也不無道理。

材料

中筋麵粉：2 杯（280 克）

奶油：80 克

泡打粉：4 茶匙（16 克）

糖：1 大匙（13 克）

鹽：一茶匙（5 克）

牛奶：200 毫升

雞蛋：1 顆，打散

> ### 比司吉 vs. 司康
> 美式比司吉和英式「司康」（Scone）其實是一家人，只不過前者吃鹹的，後者吃甜的。這裡的配方只要把牛奶用等量鮮奶油取代，糖由 1 大匙增為 4 大匙，鹽少一點，就變成英國人下午茶的司康了！

做法

1 / 烤箱預熱 230℃。

2 / 麵粉、泡打粉、糖、鹽放入盆中，將冰冷的奶油切小塊放入，用手將麵粉與奶油搓揉成餅乾屑一般。

3 / 倒入牛奶攪拌成偏濕潤的麵糰，桌面上灑些麵粉，麵糰取出放置於桌上。

4 / 用手掌下緣由下往上像按摩一樣推壓幾下，直到不鬆散即可，切勿用力搓揉以免起筋。用擀麵棍將麵糰擀成長方形，約分 3 等份將上、下兩端朝中央折疊，轉 90 度擀開，依序重複折疊麵糰一次。

5 / 將麵糰擀開成約 2 公分厚片，取一適當大小圓形切割模或以玻璃杯、空罐頭做為切割器，將麵糰切成數個小圓形麵胚，放置於烤盤上。剩下的麵糰可再整形後切成小圓麵胚。

6 / 麵胚表面刷蛋液後，放入烤箱烘烤約 10 分鐘至金黃色。

補充 ────

1 如果喜歡口感更接近蛋糕的鬆軟，可改用低筋麵粉。

2 奶油越冰越好，最好從冰箱取出直接操作，這樣與麵粉搓揉後才能保持微細顆粒，製造酥餅的層次感。

3 若無圓形切割器具，可將麵糰揉成圓柱狀再切片，或者將麵糰先分割為方形再對切成三角形。

4 如果麵胚準備好了，烤箱還沒達到預熱溫度，可以先把整個烤盤放到冷凍櫃，等一下再直接送入烤箱。低溫有助於鬆弛酥皮類麵糰，烤出來的效果會更好。

美式鬆餅

Pancakes

　　鬆餅是我們家週末固定的早餐，常由孩子們幫忙攪拌麵糊並決定今天要煎「大大的」還是「小小的」，然後大家一起守在鍋子前觀察麵糊起泡泡的狀況，很熱鬧和樂。做鬆餅完全沒有必要買外面調好的盒裝粉，因為簡單至極，全都是家裡冰箱櫥櫃常備材料，而且比例很好記。你看材料所示，奶蛋麵粉都是 1：1：1：1，只要做過一次就能熟記，以後就算剛起床頭腦還不清醒都可以做。

材料

中筋麵粉：1 杯（140 克）

糖：1 大匙（13 克）

鹽：1 小撮

泡打粉：1 茶匙（4 克）

雞蛋：1 顆

牛奶：1 杯（240 毫升）

香草精：1 茶匙

奶油：1 小塊（約 15 克），加熱融化

做法

1／將麵粉、糖、鹽與泡打粉等乾式材料混和均勻。

2／牛奶、雞蛋、香草精和融化奶油攪拌均勻。

3／奶蛋汁拌入乾式材料。由於麵粉攪拌後會起筋性，所以切勿過度攪拌，以免鬆餅太硬。麵糊裡稍微保留一些不均勻的麵疙瘩也沒關係。

4／平底不沾鍋以中火預熱，不放油。麵糊從一定點直直倒入鍋中，使之流淌成圓形，直到大小適中。煎 1~2 分鐘，直到麵糊表面出現許多小泡泡且開始爆破即可翻面。另一面再煎約 1 分鐘，上色即可起鍋。

5／盛盤後可搭配新鮮水果，食用時淋上楓糖、蜂蜜、或糖漿。

Baking powder 與 baking soda 的差異

1.Baking powder 是泡打粉，主成分為鹼性的小蘇打（baking soda）和酸性的塔塔粉（cream of tartar，釀葡萄酒的天然副產品），遇水則酸鹼中和而發泡，使糕餅膨脹變鬆軟。

2.Baking soda 是純鹼性的小蘇打，需要有酸性物質如檸檬汁、優酪乳等才能發泡。由於鬆餅材料裡沒有酸性物質，請使用泡打粉，不要買錯了。

3. 香草精有分人工合成和天然的。天然香草精是香草筴浸泡於酒精製成，不是化學添加物。

補充

1 如果喜歡水果口味，可在麵糊裡加藍莓，或將熟透的香蕉壓碎，不用打成泥狀，保留一坨一坨狀態放入即可。

2 鬆餅先下鍋的那一面上色一定比反面均勻漂亮，這是正常的。如果麵糊倒得不是很圓也不用擔心，歪歪扭扭有歪歪扭扭的美。

3 時間充裕的話，麵糊可以提早幾小時拌好冷藏，比如前一晚準備好，早上再煎。冷藏靜置後的麵糊更鬆弛、更均勻，煎出來的口感和賣相都更好。

法國吐司

French Toast

　　法國吐司的法文原名是「pain perdu」，意思是「失落的麵包」。為什麼失落呢？原來這做法是專門為那種擺了幾天已經乾硬掉的麵包設計的：奶蛋汁把原本以為失去不能用的麵包救回來，賦予新生命。如果家裡沒有乾掉的麵包，用新鮮的當然也可以，什麼種類都行，但建議最好用厚片，或是買整條回家自己切，吸飽了奶蛋汁再入鍋煎到表面金黃焦脆，孔隙裡則是剛剛凝結的柔軟布丁，帶著點肉桂或香草的甜香，再佐楓糖（maple syrup）、糖粉（confectioners sugar）或蜂蜜，是很豪華的資源回收！

材料（4 人份）

厚片麵包：6~8 片

奶油：1 小塊（約 15 克）

牛奶：1 杯（240 毫升）

雞蛋：3 顆

砂糖：2 大匙（26 克）

鹽：1/4 茶匙（1 克）

肉桂粉或香草精：1/4 茶匙

糖粉：自由添加

楓糖或蜂蜜：自由添加

做法

1 / 攪拌盆加入雞蛋、鮮奶、砂糖、鹽、肉桂粉或香草精，攪拌調成奶蛋汁。

2 / 麵包放入盆中浸泡一會兒，直到充分吸收蛋汁，盆底幾乎不剩。

3 / 取一平底鍋以中火預熱，加入奶油。奶油融化起泡後，放入吸滿奶蛋汁的麵包，慢煎至焦黃後翻面，直到兩面金黃，起鍋。

4 / 盛盤後可以過篩撒一點糖粉，並依喜好添加水果，另搭配楓糖、蜂蜜或糖漿。

可麗餅

Crepes

　　法式可麗餅有兩種造型，一是餐廳裡那種跟黑膠唱片一樣大片的，必須用特殊的 T 型木棒攤餅，二是在家裡做的小巧薄餅，利用手腕扭轉的動作攤平麵糊。這裡介紹後者的家常版，只需要一個小口徑（約 18~22 公分）的平底不沾鍋即可，練習幾次必能駕輕就熟。一次調配的麵糊可以攤十幾張餅，包或甜或鹹的餡料都可以，是非常靈活多變的輕食點心。

材料

牛奶：1 杯半（360 毫升）

雞蛋：2 顆

麵粉：1 杯（140 克）

鹽：1 小撮

奶油：1 小塊，約 15 克，加熱融化，剩下備用

做法

1 / **製作麵糊**：將牛奶、雞蛋、麵粉、鹽、奶油依序放入果汁機，高速打成麵糊，接著用濾網過濾，篩出雜質或結塊，最後濃稠度應相當於鮮奶油和椰漿。做好的麵糊可以立刻使用，但如果時間允許，最好放進冰箱靜置 1 小時（最多可以擺兩天），讓小氣泡消散，這樣煎出來的餅會更柔軟且不易破裂。

2 / **煎餅**：平底不沾鍋以中大火預熱，鍋內薄薄抹一層奶油（抓著整條冰箱裡拿出來的奶油，用尖端塗抹鍋底），倒入適量麵糊，迅速扭轉抓著鍋柄的手腕以攤開麵糊。第一面通常煎約 30~40 秒。隨著麵糊漸漸凝固，表面會起一些氣泡，薄餅周圍也會稍微上色，等餅緣稍稍向上翻翹即可翻面，再煎約 10 秒起鍋。照這個步驟反覆煎餅，煎好的疊放在一起，直到麵糊用完為止，通常可以煎十張以上。

3 / **盛盤**：煎好的薄餅可以用來包各種餡料，甜鹹都合適，折疊方式也很多，比如：
A：塗抹一層果醬或榛子巧克力醬，然後對折再對折成圓錐形，或是捲成雪茄煙的細長形。
B：塗抹少許法式芥末醬（moutarde de Dijon），中心鋪幾片火腿，刨一層乳酪如 Gruyere、Emmental、Cheddar（或是用現成片狀的）。上下左右朝中心內折成四方形，包好後回鍋稍煎一下，使餡料中的乳酪融化，外皮微微焦脆。
C：任意炒個菜（如 193 頁「蒜香炒蘑菇」），擺在餅上對折成半圓形，或是擺中央一直線，兩邊朝中心內折成蛋捲型。

補充

1 第一張煎出來的餅通常不太好看，這是正常的，等鍋子溫度穩定了就會越煎越好。此外先下鍋的那一面一定比反面好看，這也是正常的，包餡料的時候好看的一面要朝外。

2 傳統法式可麗餅外觀應該坑坑洞洞如「月球表面」，為了達到這效果，煎每一張餅前都必須在鍋面抹一點奶油，然而抹了奶油以後攤餅沒那麼順滑，必須反覆練習才能摸索出恰到好處的平衡點。如果鍋面不抹奶油的話，攤餅容易許多，但煎出來的餅表面平滑無坑洞，呈均勻的褐黃色。台灣一般百貨商場裡賣的可麗餅都是這樣平滑的，也很好吃，所以鍋面抹不抹奶油可由個人斟酌決定。

最有效率的揉麵手法

麵糰從上端拉起，往下對折，再用手掌下緣往上推回去，然後整個麵
糰順時針轉 90 度，再重複上面先對折再推回的動作，太黏就加一點
麵粉，揉到麵糰表面像「嬰兒的屁股一樣光滑」為止。

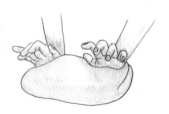

口袋餅

Pita Bread

　　口袋餅是地中海與中東一帶常見的食物，通常搭配鷹嘴豆泥（見49頁）與其他餐前小食，或是包烤肉和生菜做三明治。製作這個餅非常有趣，一旦烙熟或烤熟了自然會像氣球一樣膨起來，是餅中心水分蒸發而推擠出的氣泡造成的，切開就是天然的口袋，方便包餡料。比如我常拿來包剩菜，感覺推陳出新，別有一番風味。

材料

中筋麵粉：3 杯（420 克）

速溶酵母：2 茶匙（6 克）

鹽：2 茶匙（10 克）

砂糖：1 大匙（13 克）

橄欖油：2 大匙

溫水：240 毫升

做法

1 / 麵粉倒入攪拌盆中，放入速溶酵母、鹽、砂糖、橄欖油與溫水後，先用湯匙些微攪拌。

2 / 取出未成型麵糰開始揉按 8~10 分鐘，直到表面光滑柔軟有彈性。

3 / 麵糰表面塗抹少許橄欖油，放入碗盆中以保鮮膜封口，室溫靜置 1 個半小時發酵（亦可放入冰箱，慢慢低溫發酵，隔天一早起來烙餅）。

4 / 將膨脹 2~3 倍大的麵糰切成 6 等份，每 1 等份揉成圓型，拍上麵粉靜置 20 分鐘醒麵。

5 / 醒好的麵糰擀開，每片厚度約 3~5 公釐，同時平底鍋不放油，中小火預熱。

6 / 餅胚放入鍋中以中小火乾烙，第一次約 30 秒翻面，接下來一面烙 2 分鐘，一張餅約烙 5 分鐘，直到餅像氣球一樣膨起來即起鍋。烙好的餅表面應是白色的，只有幾處焦黃斑點。

7 / 烙餅對切即完成中心可以打開的口袋餅，可填入餡料做成口袋餅三明治，或切成錐形小塊沾鷹嘴豆泥醬食用。

補充

1 速溶酵母（instant or rapid rise yeast）經過低溫乾燥手續，可以久存不失效，使用時直接加入麵粉，不需先溶於溫水裡。如果改用普通酵母（active dry yeast），除了必須先溶於水之外，用量也須增加至原來的 1.5 倍。

2 如果沒耐心一張張烙餅，也可改用烤箱製作。烤箱預熱 220℃，好的餅胚放在烤盤上送入烤箱，約 2~3 分鐘會膨起，翻面再烤 1 分鐘即可。

肉桂吉拿棒配巧克力醬

Churros with Cinnamon Sugar & Chocolate Sauce

　　吉拿棒是西班牙人傳統的早餐食物，跟油條有異曲同工之妙。中式油條的麵糰裡要加明礬和小蘇打，入了油鍋酸鹼反應會膨脹；吉拿棒裡加少許泡打粉，目的也是要它膨脹鬆化。兩者最大的不同在於油條搭配粥餅鹹食，吉拿棒則是沾糖粉和巧克力醬，也從西班牙人的早餐桌逐漸流傳到世界各地的甜點盤裡，還變成電影院和遊樂場裡受歡迎的點心。做法其實很簡單，開 party 人多的時候麵糰材料加倍製作，保證大人小孩都喜歡。由於油炸溫度不太高，材料也乾淨，炸過的油不怕變質，過濾後可繼續使用。

材料

水：1 杯（235 毫升）

砂糖：1 大匙（13 克）

鹽：1 小撮

植物油：2 大匙

中筋麵粉：1 杯（約 140 克）

泡打粉：1/4 茶匙

油炸用植物油：約 3 碗

- - - - - - - - - - - - - - - -

砂糖：小半碗

肉桂粉：1 茶匙（依個人喜好調整）

微甜巧克力：90 克

鮮奶油：半杯

擠花袋和大口徑星形花嘴

做法

1 **先做麵糰**：小湯鍋裡加入水、砂糖、鹽、植物油，煮開立刻關火，避免蒸發過度水量變少。接著把麵粉和泡打粉和勻，倒入剛煮滾的水裡，用鍋鏟攪拌至看不見乾麵粉，麵糰必須均勻平滑，表面帶著油脂光澤，然後靜置放涼以利操作。

2 **準備擠花袋與星型擠花嘴**：擠花袋剪一適當開口塞入擠花嘴。麵糰放入擠花袋中，花袋後端旋轉扭緊以防止麵糰往後跑。如果擠花袋容量較小，一次先用一半的麵糰。

3 油鍋熱至 190℃，可以先擠一小塊麵糰進去測試，如果 10 秒鐘左右麵糰開始變黃，溫度就差不多了。花袋擠出約 10 公分的長條麵糰，剪刀剪斷直接下油鍋。一次可同時炸數條，以鍋內不太擠為原則。中途翻面，直到四面金黃即可撈起，放在廚房紙上瀝油。

4 製作麵糰煮開水的空檔可以準備肉桂糖霜和巧克力醬。

　　A. **肉桂糖霜做法**：砂糖和肉桂粉混合拌勻放入大盤子，炸好的吉拿棒均勻裹上糖粉。

　　B. **巧克力醬做法**：鮮奶油煮滾後（或大火微波約 1 分鐘至滾）倒入切碎的巧克力（或直接用現成的烘焙用巧克力豆或薄片），巧克力遇熱融化，拌勻即為西式甜品裡稱作「ganache」的巧克力醬。

補充

巧克力醬材料依個人喜好調整，我準備的是可可濃度超過 60% 的微甜（semi-sweet）巧克力薄片，最後融化調勻後還可以加入烈酒如威士忌、白蘭地、蘭姆酒等等，以增添風味。

焦糖醬

Caramel Sauce

　　當初決定拍視頻示範焦糖醬其實是個意外：那天我們本來要拍另外一道菜的，全部做完了才發現側邊的攝影機沒打開，而食材都用掉了也不能重做。這時我翻遍冰箱櫥櫃，發現有砂糖和鮮奶油，於是靈機一動做了個焦糖醬。

　　話說焦糖醬材料雖簡單，如果不懂方法，失敗機率非常大。我第一次做的時候就沾黏得到處都是，洗都洗不掉。市面上幾乎所有中英文食譜都沒告訴你：**糖一旦開始焦化變色，千萬不可以攪拌！**另外千萬不要不要把熱焦糖滴在身上，或是呆呆的舔湯匙品嚐，因為糖一旦焦化，最淺色的都有150℃，琥珀色焦糖則差不多180℃，保證把舌頭燙一個洞。只要掌握好這幾個關鍵，做焦糖醬又快又簡單，搭配冰淇淋、鬆餅、自製焦糖瑪奇朵……都不成問題啦！

材料

砂糖：1 杯（210 克）

水：適量

鮮奶油：1 杯（240 毫升）

鹽：少許

做法

1 / 小湯鍋裡倒入砂糖，加水攪拌均勻，水量足夠讓糖溶解就好。

2 / 開大火煮開並偶爾攪拌，尤其注意鍋緣不要殘留砂糖顆粒以免燒焦不好清洗。隨著水分慢慢揮發，糖漿質地越來越濃，冒的泡泡看起來也不太一樣，接著就開始轉黃。這時立刻停止攪拌，火稍微轉小一點，糖漿顏色會在很短時間內加深，從淺黃、淺褐，到理想的琥珀色。顏色一到就關火，否則顏色更深會變苦（如果用的是電爐，要把鍋子拿開避免餘熱）。

3 / 接著倒入鮮奶油，立時會大量起泡沸騰，不要驚慌。這時就可以攪拌了，稍微拌勻一下，把鍋放回爐子上用中小火再煮 2 分鐘，收乾多餘水分，最後可以加 1 小撮鹽提味。

4 / 放涼後裝瓶可置於冰箱冷藏保存。

補充 ────

1 糖融化後會呈現液狀，這過程若是攪拌過度，糖會再次結晶，之後即使再度加熱也無法返回液狀。

2 焦糖放入冰箱可冷藏保存約 1 個月。冷藏後焦糖會變得濃稠，若是太硬擠不出來，可以隔水加熱，或是以微波爐加熱約 10 秒。

派皮秘訣大公開

　　派皮是那種材料看來簡單，做起來卻特別考驗技術的半成品。為了達到理想的酥鬆質地，派皮不能像麵包饅頭那樣反覆揉捏，因為揉捏會啟動麵粉裡的筋性使麵糰變韌；也不能加太多水，因為水是另一個啟動筋性的關鍵。所以誰能用最少的動作，加最少的水，讓麵粉奶油從一盤散沙聚攏成團，誰就是贏家。這其中另有幾個能幫忙抵禦麵筋的小幫手：一是油脂，它能有效截斷麵筋；二是溫度，冰冷的環境能鬆弛麵筋；三是糖，糖能吸水，吸走的水分就不會啟動麵筋。

　　為此，我在配方裡加了 1 匙調味上可有可無的砂糖，讓它和麵筋拔河搶水。我也建議手心容易發熱的人提前沖沖涼水，還有千萬別太早把奶油拿出冰箱 。至於要怎樣在酥鬆和油膩間找到平衡呢？這裡我提供派皮的黃金比例：

　　　　麵粉：奶油：水 = 3：2：1

　　也就是說 6 盎司麵粉要搭配 4 盎司奶油、2 盎司冰水（1 盎司 = 28 克），這個分量恰好適用於直徑 22-25 公分的標準法式塔模。注意這其中的冰水最多不能超過 2 盎司，但由於空氣和奶油中都含有水分，所以除非環境太乾燥，最好能減半用水。另外我發現奶油最好買法國進口的，因為法國產的奶油脂肪含量較高，一般超過 80%，相較之下，美澳等地的奶油脂肪量通常不到 70%（剩餘的都是奶蛋白和水分），酥鬆度當然有差別。

　　只要掌握以上的比例和原則，然後按照下面介紹的技巧，保證新手也可以做出酥鬆派皮。以後隨時不看食譜就可以完成一個麵糰，做鹹派、水果塔、咖哩餃等等都再也不是難事！

材料

中筋麵粉：6 盎司（168 克）

奶油：4 盎司（112 克），切小丁

冰水：2 盎司（約 60 毫升）

砂糖：1 大匙（13 克）

鹽：1 茶匙（5 克）

做法

1 / 麵粉、鹽、糖倒入碗盆，加入切成小丁的冷奶油，用手將麵粉與奶油搓揉成餅乾屑狀，保留一些豌豆大小的奶油顆粒。

2 / 徐徐繞圓圈倒入一半冰水，邊倒邊用筷子攪拌至可以成團，抓起一塊在手心捏緊，不會散開即可。水不夠就再加一點，直到用完。

3 / 和好的麵糰移放到桌面，用手掌下緣由下往上像按摩一樣推壓（這個動作會把之前豌豆大的奶油丁拉成條，造成一層麵一層油的層次效果），扭轉麵糰再推壓一次，整理成圓餅型，用保鮮膜包好放入冰箱至少 15 分鐘，鬆弛備用。需要用的時候先放回室溫再擀成片即可。

鄉村風水果塔

Rustic Fruit Tart

　　這道甜點不需要任何模具，隨手折疊的花邊有爛漫的鄉村風格，特別迷人，餡料也可以自由變換，隨著季節更替口味。有時我用派皮做其他需要模具的點心時切剩了一點邊角，捨不得丟掉，就會再揉成團擀一個小圓片，做個迷你的水果塔更討人喜愛！

材料

派皮：1 份（見 232 頁）

水果：任選，如李子 4 顆或蘋果
2 顆或西洋梨 2 顆

紅糖：少許

奶油：1 塊（約 15 克）

做法

1 / 烤箱預熱 180℃。

2 / 派皮麵糰從冰箱取出靜置回室溫。

3 / 水果去核切片（不要太薄）置入碗中，品嚐一下若不夠甜就加點紅糖拌勻，也可以自由添加香料如肉桂粉、檸檬皮、香草精。

4 / 檯面撒麵粉，用擀麵杖把回溫軟化的麵糰擀成約半公分厚大圓片（不很圓沒有關係），移至烤盤上（可以先輕輕對摺再對摺，比較容易搬移）。

5 / 餡料碗裡多餘的水分倒掉，水果鋪在派皮上，留 5~6 公分的邊往內折疊，捏成荷葉邊。奶油撥成小塊點綴放置於水果餡上，表面撒少許糖以助焦化。

6 / 放入預熱好的烤箱約 30~40 分鐘，直到塔皮金黃有奶香，水果穿刺已軟化即可。

補充

1 選用的水果如果容易出水，可以在擀開的派皮上先撒點餅乾屑，再鋪上餡料即可。

2 餡料可以做鹹的，比方用 1 大把切半的小番茄，或各種切片蘑菇，撒點鹽、胡椒、香草（如百里香、羅勒）、橄欖油，甚至加點乳酪也可以。

法式櫻桃布丁

Clafoutis

這是一道最最家常的法式甜點，通常只有在家裡才會吃到，餐廳反而少見。基本上是類似可麗餅的麵糊倒在櫻桃上去烤，但也可以用李子、桃子、草莓、藍莓、桑椹等夏季水果，用最簡單的手法呈現水果風味，暗紫桃紅和金黃的布丁相映特別美麗。

材料

櫻桃：約 450 克

雞蛋：3 顆

砂糖：1/3 杯（70 克）

鹽：1 小撮

香草精：1 大匙

中筋麵粉：1/2 杯（70 克）

牛奶：250 毫升

奶油：1 小塊（15 克）

碎堅果（如開心果、榛子、杏仁）：1 小把，可省略

糖粉：1 茶匙，可省略

做法

1 / 烤箱預熱至 180℃。

2 / 櫻桃沿經線深深劃一圈，一手抓一邊呈反方向扭開，去核備用。

3 / 製作麵糊：碗盆中加入雞蛋、砂糖、鹽和香草精，用打蛋器攪散。隨後加入麵粉攪拌均勻，再倒入牛奶攪拌均勻。

4 / 烤盤（直徑約 22 公分的圓形烤盤）底部抹一層奶油，櫻桃切面朝上鋪滿整個烤盤，接著倒入麵糊，約七分滿。一些櫻桃會沉在奶蛋汁底下，烤的時候自然會浮上來。

5 / 放入烤箱中烘烤約 45 分鐘。過程中偶爾轉動一下烤盤以確保受熱均勻。最後階段整個布丁會膨起來，有可能一邊高一邊低，甚至超過盤緣，不用擔心，因為出爐降溫後都會縮回去。等布丁表面變金黃，聞到濃濃奶蛋香，就差不多好了。以刀尖或金屬棒穿刺中心部位，取出未沾黏表示已熟透。

6 / 吃的時候我喜歡在上面撒一點烤得香香脆脆的堅果，再用濾網過篩撒一點糖霜，漂漂亮亮上桌！

補充

1 烤盤的大小形狀可以隨意，只要是耐高溫且有點深度的容器都可以。我自己常用平底鑄鐵鍋做烤盤，有時也分裝在小模型裡烤單人份的，但不同大小的烘烤時間相對要調整，只要看布丁膨起，表面金黃，聞到濃濃奶蛋香即烤好。

2 櫻桃或代用水果的量不固定，依烤盤大小決定，不一定要鋪得很滿。

3 如果喜歡口味濃郁一點，可以用鮮奶油取代牛奶。

4 如果希望口感層次豐富一點，也可以先擀一片酥皮（見 235 頁「鄉村風水果塔」）鋪在塔模裡，櫻桃布丁倒入其中（奶蛋汁大約只要原配方的 1/3 就夠了），溫度調高至 200℃ 烤約 35 分鐘即可（見配圖變奏版）。

Clafoutis 的變奏版

2 分鐘巧克力蛋糕

Two-minute Chocolate Cake

　　這個神奇的食譜最早在網路上流傳，到底是那個天才發明的也無從得知。我是看了平日訂閱的《*Lucky Peach*》雜誌學的，收到雜誌當天現學現賣，第一次做就是在攝影機前，結果非常成功。蛋糕表面有迷人空洞，入口濕潤帶融化的巧克力漿，有點像是懶人版的「熔岩巧克力蛋糕」。最大的問題是，以後夜深人靜想吃巧克力蛋糕的時候，起床兩三下就做好了，有點危險啊！

材料

雞蛋：1 顆

牛奶：3 大匙

植物油：3 大匙

低筋麵粉：3 大匙

砂糖：4 大匙（約 50 克）

無糖可可粉：2 大匙

碎巧克力：3 大匙

鹽：1 小撮

香草精：1 茶匙

馬克杯：1 個

做法

把所有材料放入馬克杯內，攪拌均勻。大火微波（約 1000 瓦）2 分鐘即完成巧克力蛋糕。

巧克力豆餅乾

Chocolate Chip Cookies

　　我們家平日所有的吃食都由我準備，只有餅乾是另一半的責任。小朋友只要想吃餅乾就會去找爸爸，然後三個男生一起打蛋拌麵糊，而且沿襲夫家的傳統，最後一定會把碗瓢上黏著剩下的生麵糊舔個乾淨。我先生做菜向來只講究好吃，不注意賣相，再加上烤餅乾時總有兩個小朋友在旁邊幫倒忙，所以烤盤上的麵糊都是用湯匙隨便挖的，烤出來歪歪扭扭。　我曾試著在旁邊試著把一球球麵糰捏成一致的圓形，結果烤出來的餅乾不只整齊到有點無聊，也少了那種隨性流淌出的邊角特有的焦糖薄脆來襯托中心的豐厚酥軟。所以我的結論是：餅乾這種家常點心還是由大刺刺的男生做最好。

材料

中筋麵粉：3 杯（420 克）

小蘇打：1/2 茶匙（約 2.5 克）

泡打粉：1/2 茶匙（約 2 克）

鹽：1/2 茶匙（2.5 克）

奶油：2 條（200 克）

砂糖：1/2 杯（100 克）

紅糖：3/4 杯（125 克）

雞蛋：2 顆

香草精：1 茶匙

微甜巧克力豆，或切碎的巧克力：340 克

做法

1　烤箱預熱 190℃。

2　奶油切片放進攪拌缽裡（奶油包裝紙請先保留），加入砂糖與紅糖，攪拌器設定為中速，攪拌均勻。

3　接著雞蛋加入香草精，攪拌均勻，拌入剛才的奶油糊再攪拌均勻。

4　將鹽、小蘇打與泡打粉加入麵粉，慢慢倒入奶油糊，攪拌成麵糰。

5　把巧克力豆或切碎的巧克力加入麵糰，繼續拌勻即完成餅乾麵糰。

6　準備烤盤，用剛才預留的奶油包裝紙在烤盤上薄薄抹一層油，接著用湯匙挖取約乒乓球大小的麵糰鋪在烤盤上，不需壓扁，烘烤後會化開，直徑會變大，所以麵糰請保持適當間隔。放入預熱好的烤箱烘烤約 10 分鐘，直到餅乾表面金黃，周邊微焦，奶蛋甜香撲鼻即可出爐，繼續此步驟直到麵糰用完為止。

補充

1 為什麼需要用兩種糖呢？因為砂糖比較甜，紅糖比較香，含水量不同，所以不宜隨便代換。

2 巧克力可隨個人口味調整，若選用牛奶巧克力豆（milk chocolate）比較甜，黑巧克力豆（dark chocolate）比較苦，也可以加一些切碎的核桃或杏仁。

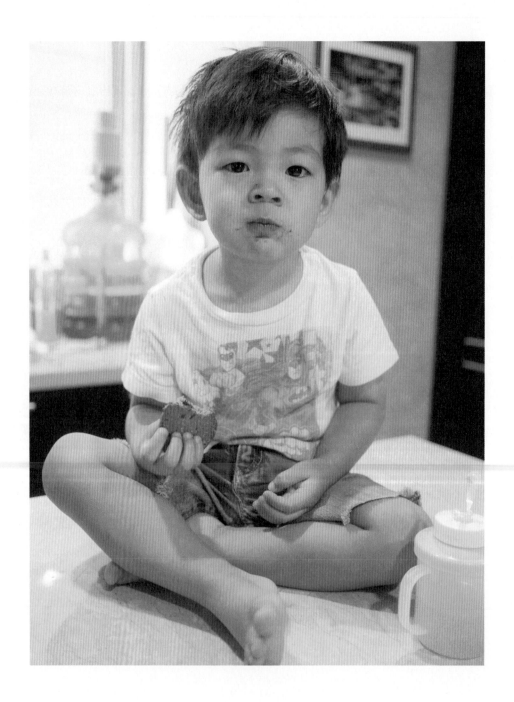

當初網友希望我示範烤餅乾,無奈我不會做,於是特別情商老公客串,全家四口動員入鏡,算是難得的紀念。回想我們夫妻倆當年訂婚時送給親友的喜餅就是他照著這一道巧克力豆餅乾配方烤的,可見這餅乾對我的意義不小!

冰糖桂花燉梨

Poached Pears in Rice Wine, Rock Sugar & Osmanthus Blossoms

　　燉梨在中藥系統裡用來清肺止咳，一般選用鴨梨，佐以川貝粉和冰糖，隔水蒸熟食用。我這個版本是西菜中做，用法式葡萄酒燉西洋梨的手法，改用米酒和冰糖燉煮，再浸泡桂花以借其清香。成品是否潤肺倒不可知，但果肉清甜，糖水芬芳，絕對是一道爽心甜品。

材料

西洋梨：4顆（或新疆香梨6顆）

冰糖：3大匙

米酒：3大匙

乾桂花：1大匙

做法

1 / 梨子削皮，留住蒂頭。若有專門去核的工具就挖除核心，否則保留也沒有關係。

2 / 所有的梨子直直放入小湯鍋裡，最好擺得密一點，不要太鬆散。倒入清水淹至梨身八分高度，加冰糖、米酒。大火煮開後轉小火加蓋燉煮約 20 分鐘，直到梨肉變軟，能用刀尖輕易戳過。

3 / 梨子取出備用。糖水用大火滾煮收汁至原本 1/4 化成濃稠糖漿。糖漿裡若有殘餘渣滓先撈除或過濾，接著加入乾桂花拌勻靜置。

4 / 若要吃溫熱的燉梨，立刻可以盛裝在小碗中，搭配幾勺桂花糖漿食用。若想吃冰的，就把梨放回桂花糖漿裡，浸泡著一起冷藏更入味。

補充 ————

米酒也可以用新鮮酒釀代替。但由於酒釀裡米粒久煮易爛，且酒精濃度低不需長時揮發，最好等糖水燉煮濃縮快完成時再加 1 大勺酒釀提味即可。

薄荷檸檬汁

Mint Lemonade

　　我兩個兒子愛喝檸檬汁，但外面買的往往太甜又有添加物，於是我就常在家裡自己做檸檬汁。檸檬汁跟一般果汁不一樣，非加糖不可，也因此英文不稱它為「lemon juice」，而是用專門的字彙「lemonade」。煮糖水的時候我喜歡加一些檸檬表層刮下來的皮，讓檸檬皮裡的精油溶入糖水，使香氛加成。一壺帶著薄荷葉的檸檬汁不只酸甜爽口，看了也清涼，擺在餐桌上很有畫龍點睛的作用呢！

材料

檸檬：5 顆，刮皮、榨汁

砂糖：1 杯

清水：1 杯

薄荷葉：1 大把

冰水：約 1 公升

做法

1 / 砂糖與水倒入鍋內，再用削皮刀刮入檸檬皮，加熱煮開至砂糖全部融化，靜置放涼，檸檬皮取出丟棄。

2 / 大水壺裡放入薄荷葉、煮好的糖水、檸檬汁，再倒入冰水拌勻即可。

補充

1 一壺檸檬汁約需 4~6 顆檸檬，可依個人喜好調整。

2 薄荷如果用新鮮迷迭香代替也很不錯。

3 飲用水也可以用氣泡水或無糖蘇打水代替，做成氣泡檸檬汁。

草莓香檳

Strawberry Champagne

　　特別美好的事物往往不長久，像草莓的季節就是稍縱即逝，即使盛產期間買回家也擺不了幾天。與其讓嬌嫩的果肉發爛，不如趁機開瓶香檳，做成粉紅色調酒，舉杯慶祝生活中的大小喜事！

材料（6 人份）

草莓：1 大把

香檳（氣泡酒）：1 瓶，冷藏

做法

1　草莓預留 6 顆，其餘加入約半杯氣泡酒，用果汁機打成泥。

2　打好的果泥平均分配入 6 只香檳杯，再倒入剩下的氣泡酒至酒杯八分滿。預留的草莓在底端尖頭的部分切一個縫，掛放於杯緣，cheers！

補充

1 只有法國北部香檳區產的氣泡酒才能稱為 champagne，其他地區如義大利產的氣泡酒叫做 prosecco，美國加州產的叫做 sparkling wine。這道調酒用什麼種類的都可以。

2 香檳或氣泡酒的天然果香與晶亮氣泡特別適合做水果調酒，比如搭配水蜜桃果泥就是所謂的 bellini，搭配柳橙汁就是 mimosa，都是經典調酒。

（攝影：Kristy Murphy）

（攝影：Kristy Murphy）

食材中英對照表

香草類 Herbs

羅勒	basil	蝦夷蔥	chive
巴西利	parsley	月桂葉	bay leave
百里香	thyme	香菜	cilantro（美）
迷迭香	rosemary		或 coriander（英）
奧勒岡葉	oregano	香草束	bouquet garni
蒔蘿	dill	香蘭葉	pandan

辛香料 Spices

孜然	cumin	五香	five spice
芫荽籽	coriander	小紅蔥	shallot
肉桂	cinnamon	洋蔥	onion
小豆蔻	cardamom	大蔥（京蔥）	leek
薑黃	turmeric	蔥	scallion
匈牙利紅椒	paprika		或 green onion
	或 pimentón		

堅果類 Nuts

榛子	hazelnut	杏仁	almond
核桃	walnut	開心果	pistachio

蔬果類 Vegetables

檸檬	lemon	黃櫛瓜	yellow squash
青檸檬	lime	卷葉甘藍	kale
綠櫛瓜	zucchini（美）	孢子甘藍	Brussels sprout
	或 courgette（英）		

調味料 Seasoning

冷壓初榨橄欖油	extra virgin olive oil	鯷魚	anchovy
雪莉醋	Sherry vinegar 或	酸豆	caper
	Vinagre de Jerez（西）	法式芥末醬	Dijon mustard 或
巴薩米克紅酒醋	Balsamic vinegar 或		Moutarde de Dijon（法）
	Aceto Balsamico di		
	Modena（義）		

粉類 Powder

砂糖	granulated sugar	泡打粉	baking powder
香草精	vanilla extract	巧克力豆	chocolate chips
小蘇打	baking soda	糖粉	powdered sugar
速溶酵母	instant yeast		或 confectioner's sugar
	或 rapid rise yeast		

乳製品 Dairy

奶油	butter	佩克里諾乳酪	Pecorino-Romano
鮮奶油	cream	帕瑪森乳酪	Parmigiano-Reggiano
巧達乳酪	Cheddar	瑪茲瑞拉乳酪	Mozzarella

肉類部位 Parts of Meat

肋條	rib finger	牛尾	oxtail
腱子	shank	五花肉	pork belly
腹脅肉	flank	豬小排	spare ribs
里脊	tenderloin		

澱粉 Starch

玉米渣	polenta	糯米	sticky rice
			或 glutinous rice

簡單

豐盛

美好

祖宜的中西家常菜

莊祖宜——著

師大英語系畢業，哥倫比亞大學人類學碩士。留學期間發展出
做菜的第二專長，三十出頭終於決心轉行入廚，歷經廚藝學校與飯店
學徒的磨練，煙熏火燎之餘並勤寫作分享餐飲見聞，著有《廚房裡的
人類學家》、《其實，大家都想做菜》。婚後隨外交官夫婿四海為家，
餐桌從台北延伸至波士頓、香港、上海、華府，到目前的雅加達，育
有兩子述海、述亞。隨遇而安的性格孕育獨特飲食見解，以飽覽群書，
吃遍四方，並認真思考一切與飲食有關的課題為人生志業。

「廚房裡的人類學家」系列烹飪教學視頻請見祖宜的個人網站：
http://www.chuangtzui.com。

攝　　　影：莊祖宜
美術設計：萬亞雰
內頁排版：果實文化
插　　　畫：微枝
責任編輯：陳柏昌
行銷企劃：傅恩群、王琦柔、詹修蘋
副總編輯：梁心愉

初版一刷：2015 年 6 月 29 日
初版十三刷：2021 年 3 月 18 日
定　　　價：新台幣 420 元

出　　　版：新經典圖文傳播有限公司
發 行 人：葉美瑤
　　　　　10045 臺北市中正區重慶南路一段 57 號 11 樓之 4
　　　　　電話：886-2-2331-1830　傳真：886-2-2331-1831
　　　　　讀者服務信箱：thinkingdomtw@gmail.com
　　　　　部落格：http://blog.roodo.com/Thinkingdom

總 經 銷：高寶書版集團
　　　　　臺北市內湖區洲子街 88 號 3 樓
　　　　　電話：886-2-2799-2788　傳真：886-2-2799-0909
海外經銷：時報文化出版企業股份有限公司
　　　　　桃園縣龜山鄉萬壽路 2 段 351 號
　　　　　電話：886-2-2306-6842　傳真：886-2-2304-9301

國家圖書館出版品預行編目 (CIP) 資料

簡單‧豐盛‧美好：祖宜的中西家常菜 /
莊祖宜著 . -- 初版 . --
臺北市：新經典圖文傳播 , 2015.06
256 面；19X24.5 公分 .
(Essential ; YY0907)
ISBN 978-986-5824-44-0(平裝)

1. 食譜
427.17　　　　　　　　　104010611